高等学校应用基础型人才培养规划教材

实验实训

汇编语言与接口技术 实验教程

编著 王京生 魏绍亮 梁慧斌

U0264806

中国电力出版社
CHINA ELECTRIC POWER PRESS

内 容 提 要

本书为高等学校应用基础型人才培养规划教材。本书是为相关专业基础课计算机原理与应用、单片机原理与应用课程而编写的实验教材。全书共分为两部分。第一部分介绍计算机原理与应用中所涉及的软、硬件方面的实验，第二部分介绍单片机原理与应用中所涉及的软、硬件方面的实验。书后附有 51 单片机课程设计题目、部分芯片功能介绍等内容。

本书既可作为普通高校 PC 机汇编语言及接口技术、单片机原理课程的实验教材，也可作为学生课程设计、毕业设计的辅助教材。

图书在版编目（CIP）数据

汇编语言与接口技术实验教程 / 王京生，魏绍亮，梁慧斌编著.—北京：中国电力出版社，2015.6
高等学校应用基础型人才培养规划教材. 实验实训
ISBN 978-7-5123-7375-4

Ⅰ.①汇… Ⅱ.①王… ②魏… ③梁… Ⅲ.①汇编语言－程序设计－高等学校－教材②微型计算机－接口技术－高等学校－教材 Ⅳ.①TP3

中国版本图书馆 CIP 数据核字（2015）第 050050 号

中国电力出版社出版、发行
（北京市东城区北京站西街 19 号　100005　http://www.cepp.sgcc.com.cn）
汇鑫印务有限公司印刷
各地新华书店经售

＊

2015 年 6 月第一版　　2015 年 6 月北京第一次印刷
787 毫米×1092 毫米　16 开本　6 印张　138 千字
定价 12.00 元

编 委 会

序

　　山东特色名校工程，是山东省为解决省内高等学校面临的办学模式单一、同质化倾向明显、学科专业结构不能够适应经济社会发展等问题而实施的教育改革，即在省内地方高校中遴选一批不同类型的人才培养特色名校，进行重点建设。山东特色名校工程被誉为"山东省版 211 工程"或"鲁版 211 工程"。名校工程突出"分类指导、内涵发展、强化特色、提高质量"的主题，推动高校科学发展，建设一批在深化教育教学改革、创新人才培养模式、提高人才培养质量、增强社会服务能力等方面发挥示范带动作用的高校，形成层次类别清晰、具有山东特色的高等教育体系。

　　山东科技大学作为第一批重点建设的应用基础型特色名校之一，紧紧把握机遇，全面启动名校建设工作。机械设计制造及其自动化、土木工程、采矿工程等专业是特色名校建设的重点专业，学校计划通过 3 年名校工程重点专业建设，将重点建设的专业建设成为在工程领域中专业特色鲜明、办学优势突出，人才培养、科学研究、社会服务、管理水平和毕业生质量均达到国内先进水平，且具有较高知名度的特色专业。要培养具有"宽口径、厚基础、强能力、高素质"特征的具有创新意识的人才。要培养具有创新意识的人才，实践教学所占的地位十分重要。众多发明创造都来自于实验。因此，营造一个较好的实验、实践环境，建立一套完善的实践体系，因此编写一套高质量的实验、实践教材是基本的保证。

　　按照山东省特色名校建设的要求，学校组织以实验室教师为主，任课教师积极参与，制订了一套具有创新意识的实验、实践教改方案。经过有关专家论证，结合一线实验教师、任课教师的多年实践教学经验，组织编写了这套高等学校应用基础型人才培养规划教材·实验实训系列教材，包括流体力学实验教程、机械原理实验教程、传感器系统实验教程、汇编语言与接口技术实验教程、互换性与测量技术实验教程。

　　该套教材主要特点如下：

　　（1）注重学生动手能力培养，加强实践、培养兴趣、积极创新的理念。

　　（2）符合教学规律，实现了循序渐进，实验分为验证性实验、综合性实验、创新性实验和设计性实验 4 个层次。

　　（3）实现了内容的优化组合，突出了先进性和实用性。

　　该套教材可以作为本校或者外校相同、相近专业学生的实验指导教材，也可以作为教师和工程技术人员的设计参考书。

2014 年 12 月

前　言

　　本书介绍了 PC 机原理及应用、51 单片机原理及应用课程相关的软、硬件实验。书中硬件部分是以启东计算机厂有限公司生产的 DVCC 系列 PC 8086 实验系统、单片机 DVCC52JH+ 实验系统为基础而设计的相关硬件实验。

　　在 PC 机原理及应用实验部分，介绍了 PC 机汇编语言调试工具 DEBUG 的主要命令；汇编语言程序的建立、编译和执行过程；软件程序设计；基本硬件控制实验等内容。每部分内容讲解详细，并配有大量的实例练习，并在第 1 单元 DEBUG 命令练习中穿插提出了许多思考问题，在其他单元的每个实验后提出了多个"问题思考"。学生在掌握基本内容后，扩展思路、步步引深，逐渐系统的掌握该课程所讲授的相关内容。硬件部分基本上涵盖了 PC 机接口方面的硬件接口实验，每个硬件实验配有参考程序，可为学生完成 PC 机硬件及接口实验练习及课程设计提供参考用书。

　　在 51 单片机原理及应用实验部分：介绍了 51 单片机的软、硬件实验。软件调试工具介绍了仿真软件伟福的使用方法。配有大量的软件实验题目，用户可根据自行需要及该课程实验开设的学时自由选择题目。硬件实验对实验箱所使用的主要硬件模块电路、硬件接口地址做了简单说明介绍。配有大量、丰富的硬件实验内容，使用者可根据需要自行选择。

　　本书由山东科技大学组织编写，由王京生、魏绍亮、梁慧斌编著。

　　本书经过多年校内近几千名学生使用，逐渐完善，希望给广大使用者带来更好的帮助。书中 51 单片机个别硬件实验，参考厂家提供的硬件范例，特此说明。

　　由于编者水平所限，书中难免有所疏漏，请广大读者批评指正。

编　者

2014 年 12 月

目　录

第二部分　51 单片机软件及硬件实验

第一部分　PC机软件及硬件实验

1　汇编语言调试环境 DEBUG 命令介绍

1.1　DEBUG命令的有关规定

（1）DEBUG 是调试汇编语言程序的一种调试工具，DEBUG 调试窗口中的提示符为"—"。可以在调试窗口下对汇编语言程序进行跟踪、调试，观察运行结果。

（2）DEBUG 命令均为一个英文字母，后面跟一个或多个有关参数，多个操作数之间用","或空格分开。

（3）执行每条 DEBUG 命令必须按 Enter 键才有效。

（4）DEBUG 窗口下，参数中无论是地址还是数据，均默认为十六进制数，数据后不需跟"H"。

（5）可以用 Ctrl 和 Break 键来停止一个命令的执行，返回 DEBUG 提示符"—"下。

1.2　DEBUG命令的环境进入

进入 Windows 系统后，选择"开始/程序/附件/命令提示符"选项，进入 DOS 环境，然后输入 DEBUG 按 Enter 键。进入 DEBUG 调试环境后，出现"—"提示符，在此提示符后即可输入 DEBUG 的有关命令。输入格式如下（带下划线部分内容是用户输入的）：

```
C:\>  D: ✓            ;切换到 D 盘
D:\>  CD SJ88 ✓       ;打开 D 盘上 SJ88 文件夹
D:\SJ88>  DEBUG ✓     ;进入 DEBUG 调试环境
```

1.3　DEBUG主要命令

下面简单介绍 DEBUG 的主要命令，仔细阅读每条命令的功能及注意事项，认真思考每条命令练习后提出的有关问题，掌握其用法。

1.3.1　创建汇编指令命令 A
格式：a. A [偏移地址]
　　　b. A [段地址]：[偏移地址]
　　　c. A [段寄存器名]：[偏移地址]
　　　d. A

功能：该命令可将输入的每条汇编语言指令经编译后直接存入内存。

由于只是单纯地进入 DEBUG 调试状态，最好选择格式 a 或格式 c，由计算机分配段地址和由用户指定偏移地址（若强行给计算机分配段地址输入程序，系统有可能为写保护状态，不能保存刚输入的程序）。例如，输入"A［偏移地址］"后，显示由计算机分配的段地址和由用户指定的偏移地址，并等待用户进一步输入汇编指令。每输入一条指令并按 Enter 键后，系统自动显示下一条指令的段地址和偏移地址，可继续输入下一条指令，若输入指令错误，系统提示 ERROR 偏移地址不变，可直接修改，直到输入正确为止。程序全部输入完毕，连续两次按 Enter 键，返回提示符"－"状态下。

例如，用 DEBUG A 命令输入如下源程序代码（分号后面为注释内容，帮助阅读指令，用户无需输入），操作如下：

```
D:\ SJ88>  DEBUG  ✓
─  A 100 ✓
1874:0100   MOV    AL,33 ✓           ;AL←33
1874:0102   MOV    DL,35 ✓           ;DL←35
1874:0104   ADD    DL,AL ✓           ;DL←33＋35=68
1874:0106   SUB    DL,30 ✓           ;DL←68－30=38
1874:0109   MOV    AH,02 ✓           ;2 号功能调用
1874:010B   INT    21 ✓             ;输出 DL 寄存器中的字符
1874:010D   INT    20 ✓             ;中断当前执行的程序
1874:010F          ✓
```

上述例子是用汇编语言指令编写的一个简单的加法程序。该程序是将两个十进制数 3 和 5 用 ASCII 码表示的十六进制数相加，结果保存在寄存器 DL 中。为了将结果在屏幕上显示出来，采用 DOS 的 21 号中断调用中的 2 号功能调用——单个字符在屏幕显示。需注意的是：采用 21 号中断调用时需设置相关的入口参数，功能号送 AH 寄存器，要显示的字符送 DL 寄存器，且该显示字符必须是 ASCII 码表示的十六进制数（十进制数 3 和 5 所对应的 ASCII 码的十六进制数分别是 33H 和 35H）。有关字符、十进制数与 ACSII 码转换的对应关系，请查阅附表 B-1。

INT 20 是 DOS 的正常结束指令。

思考：为什么第三条指令用 ADD　DL,AL，而不用 ADD　AL,DL？为什么每行偏移地址的变化不规律？在练习了反汇编命令 U 之后便可得出答案。

1.3.2　反汇编命令 U

格式：a. U［地址范围］

　　　b. U［地址］

功能：将指定地址或指定地址范围内的机器码程序（目标程序）以汇编语言形式显示出来。

显示格式：段地址、偏移地址、机器码程序（目标程序）、汇编指令。

说明：格式 a［地址范围］——由起始和终止偏移地址确定的一连续地址范围。

　　　格式 b［地址］——只规定起始偏移地址，终止偏移地址由计算机分屏显示确定。

例如，使用格式 a 反汇编上例源程序：

```
─  U  100  10D ✓
1874:0100   B0 33      MOV     AL,33
1874:0102   B2 35      MOV     DL,35
1874:0104   00 C2      ADD     DL,AL
```

```
1874:0106    80 EA 30    SUB    DL,30
1874:0109    B4 02       MOV    AH,02
1874:010B    CD 21       INT    21
1874:010D    CD 20       INT    20
```

比较：用 U 命令显示的内容与前面用 A 命令输入后显示的内容有什么区别？多出的一列数据称作什么？分析偏移地址变化无规律的原因。

例如，使用格式 b 命令，反汇编上述原程序，输入如下：

```
— U 100 ↙
1874:0100    B0 33       MOV    AL,33
1874:0102    B2 35       MOV    DL,35
1874:0104    00 C2       ADD    DL,AL
1874:0106    80 EA 30    SUB    DL,30
1874:0109    B4 02       MOV    AH,02
1874:010B    CD 21       INT    21
1874:010D    CD 20       INT    20
1874:010F    06          PUSH
1874:0110    34 00       XOR    AL,00
1874:0112    CD 14       INT    14
```

比较：地址范围和地址有什么区别？

在操作过程中，如果段地址不在 1874 段可输入如下命令：

```
U  1874:100 10D ↙
```

同样可以得到格式 a 结果。（该 1874 段地址以用户当前计算机分配的代码段为准）

思考：刚输入的命令格式是怎样的？这里所指的 1874 段是什么段？

说明：每台计算机自动分配的代码段地址各不相同，此处的 1874 段只是举例说明，以自己的计算机分配的代码段为准做练习。

1.3.3 检查和修改寄存器内容命令 R

格式：a. R

        b. R ［寄存器名］

功能：格式 a 显示 CPU 内所有的寄存器内容和标志寄存器中各标志位的状态；格式 b 显示和修改一个指定寄存器的内容和标志位的状态。

标志寄存器 FLAG 中的状态是以位的形式进行显示，状态位显示次序和所对应的符号见表 1-1。

表 1-1   状态位显示次序和所对应的符号

标志位	状态	显示形式（置位/复位）
溢出标志	有/无	OV/NV
方向标志	减/增	DN/UP
中断标志	开/关	EI/DI
符号标志	负/正	NG/PL
零标志	零/非	ZR/NZ
辅助进位	有/无	AC/NA
奇偶标志	偶/奇	PE/PO
进位标志	有/无	CY/NC

例如，用 R 命令显示 CPU 中各寄存器的内容：

```
— R ↙
AX=0000  BX=0000  CX=0000  DX=0000  SP=FFEE  BP=0000  SI=0000  DI=0000
DS=1874  ES=1874  SS=1874  CS=1874  IP=0100  NV UP EI PL NZ NA PO NC
1874:0100  B0 33        MOV      AL,33
```

前两行显示所有 CPU 内部寄存器的内容和标志寄存器中各标志位的状态，最后一行显示将要执行的指令行，格式为 CS：IP　机器码指令、汇编语言指令。

思考：

（1）为什么 DS、ED、SS、CS 四个段地址都是相同的，其含义是什么？

（2）IP 寄存器是什么寄存器，它的作用是什么？

例如，用 R 命令显示或修改某个寄存器的内容：

```
— R SI ↙
SI 0000
:1010 ↙
— R AX ↙
AX 0000
:AABB ↙
```

显示并修改标志寄存器的某个标志位。例如，将非零标志 NZ 和无进位标志 NC 修改为 CY 和 ZR 状态：

```
— R F ↙
NV UP EI PL NZ NA PO NC —  CY ZR ↙
```

说明：可以任意修改标志寄存器中各标志位的次序。完成以上的修改操作后，再用 R 命令查看 CPU 中被修改过的寄存器 SI、AX、DX 及标志寄存器中进位标志和零标志，查看其内容是否发生了变化。

```
— R ↙
AX=AABB  BX=0000  CX=0000  DX=6677  SP=FFEE  BP=0000  SI=1010  DI=0000
DS=1874  ES=1874  SS=1874  CS=1874  IP=0100  NV UP EI PL ZR NA PO CY
1874:0100  B0 33        MOV AL,33
```

1.3.4　单步执行跟踪命令 T

格式：a. T［执行条数］

　　　b. T =［偏移地址］［执行条数］

功能：格式 a 是从当前 IP 指针所指的偏移地址单步跟踪执行若干条指令；格式 b 是从指定的偏移地址处连续单步跟踪执行若干条指令。

说明：单步执行跟踪命令完成的特点是，可以显示、观察每条指令执行后的结果。

例如，执行前面用 A 命令输入的源程序。先用 U 100 命令反汇编显示程序，查看是否是操作者刚才输入的源程序，如果是，则使用 T 命令单步跟踪；如果不是，则需要找到刚输入的源程序才可用 T 命令单步跟踪，否则执行的是其他程序指令。

```
— U 100 ↙
1874:0100   B0 33    MOV    AL,33
1874:0102   B2 35    MOV    DL,35
1874:0104   00 C2    ADD    DL,AL
```

```
1874:0106    80 EA 30        SUB      DL,30
1874:0109    B4 02           MOV      AH,02
1874:010B    CD 21           INT      21
1874:010D    CD 20           INT      20
1874:010F    06              PUSH
1874:0110    34 00           XOR      AL,00
1874:0112    CD 14           INT      14
        ......
```

注意：INT 21 指令是中断调用指令，该指令嵌套了许多过程调用及功能调用。如果遇到 INT 21 指令，不能用 T 命令执行，因为 T 命令是单步跟踪执行程序，如果继续使用 T 命令，此时会发现，程序的代码段 CS、偏移地址 IP 均已发生变化，所以执行 INT 21 指令，必须用后面介绍的断点连续运行 G 命令。

```
— R ↙ (用 R 命令检查一下当前的 IP 指针)
AX=AABB  BX=0000  CX=0000  DX=6677  SP=FFEE  BP=0000  SI=1010  DI=0000
DS=1874  ES=1874  SS=1874  CS=1874  IP=0100  NV UP EI PL ZR NA PO CY
1874:0100    B0 33           MOV AL,33
```

例如，用格式 a 单步跟踪执行程序，注意观察每条指令执行后相关寄存器内容的变化：

```
— T ↙
AX=AA33  BX=0000  CX=0000  DX=6677  SP=FFEE  BP=0000  SI=1010  DI=0000
DS=1874  ES=1874  SS=1874  CS=1874  IP=0102  NV UP EI PL ZR NA PO CY
1874:0102    B2 35           MOV DL,35
— T ↙
AX=AA33  BX=0000  CX=0000  DX=6635  SP=FFEE  BP=0000  SI=1010  DI=0000
DS=1874  ES=1874  SS=1874  CS=1874  IP=0104  NV UP EI PL ZR NA PO CY
1874:0104    00C2            ADD DL,AL
— T ↙
AX=AA33  BX=0000  CX=0000  DX=6668  SP=FFEE  BP=0000  SI=1010  DI=0000
DS=1874  ES=1874  SS=1874  CS=1874  IP=0106  NV UP EI PL ZR NA PO NC
1874:0106    80 EA 30        SUB DL,30
— T ↙
AX=AA33  BX=0000  CX=0000  DX=6638  SP=FFEE  BP=0000  SI=1010  DI=0000
DS=1874  ES=1874  SS=1874  CS=1874  IP=0109  NV UP EI PL ZR NA PO NC
1874:0109    B4 02           MOV AH,02
— T ↙
AX=0233  BX=0000  CX=0000  DX=6638  SP=FFEE  BP=0000  SI=1010  DI=0000
DS=1874  ES=1874  SS=1874  CS=1874  IP=010B  NV UP EI PL ZR NA PO NC
1874:010B    CD 21           INT 21
```

例如，用 b 格式单步执行多条指令，跟踪显示程序：

```
— R ↙ （观察 IP 指针的变化）
AX=0233  BX=0000  CX=0000  DX=6638  SP=FFEE  BP=0000  SI=1010  DI=0000
DS=1874  ES=1874  SS=1874  CS=1874  IP=010B  NV UP EI PL ZR NA PO NC
1874:010B    CD 21           INT 21
— T=100 5 ↙  （设置 IP 指针从 100 开始执行，连续单步执行 5 行）
AX=0233  BX=0000  CX=0000  DX=6638  SP=FFEE  BP=0000  SI=1010  DI=0000
DS=1874  ES=1874  SS=1874  CS=1874  IP=0102  NV UP EI PL ZR NA PO CY
1874:0102    B2 35           MOV DL,35
```

```
AX=0233  BX=0000  CX=0000  DX=6635  SP=FFEE  BP=0000  SI=1010  DI=0000
DS=1874  ES=1874  SS=1874  CS=1874  IP=0104  NV UP EI PL ZR NA PO CY
1874:0104    00C2          ADD DL,AL

AX=0233  BX=0000  CX=0000  DX=6668  SP=FFEE  BP=0000  SI=1010  DI=0000
DS=1874  ES=1874  SS=1874  CS=1874  IP=0106  NV UP EI PL ZR NA PO NC
1874:0106    80 EA 30      SUB DL,30

AX=0233  BX=0000  CX=0000  DX=6638  SP=FFEE  BP=0000  SI=1010  DI=0000
DS=1874  ES=1874  SS=1874  CS=1874  IP=0109  NV UP EI PL ZR NA PO NC
1874:0109    B4 02         MOV AH,02

AX=0233  BX=0000  CX=0000  DX=6638  SP=FFEE  BP=0000  SI=1010  DI=0000
DS=1874  ES=1874  SS=1874  CS=1874  IP=010B  NV UP EI PL ZR NA PO NC
1874:010B    CD 21         INT 21
```

1.3.5　断点连续运行程序命令 G

格式：G =［起始偏移地址］,［断点偏移地址］

功能：连续执行用户程序，即连续运行用户自定义的［起始偏移地址］开始到用户希望停止的［断点偏移地址］内的一段程序指令。G 命令后面的"="不能省略。

说明：断点连续运行命令特点是只能检查程序最终的执行结果，不显示中间过程。

注意：如果在源程序中只有起始地址，而没有断点地址，则在程序的最后需要有正确的出口，否则程序无法正常结束，必须强制关闭该调试窗口。这一点在初学者编写源程序时一定要特别注意。

程序正常出口一般是在源程序最后加写如下指令：

```
MOV  AH,4CH
INT  21H
```

或

```
MOV  AX,4C00H
INT  21H
```

例如，执行前面的程序，首先用 U 命令查看希望执行的程序，用 G 命令执行。起始地址设为 100H，终止地址设为 10DH，执行结果为 8。

思考：如果用 U 命令检查程序已经不存在了，则不能使用如下命令，为什么？

```
— U 100  10D ✓
1874:0100    B0 33      MOV    AL,33
1874:0102    B2 35      MOV    DL,35
1874:0104    00 C2      ADD    DL,AL
1874:0106    80 EA 30   SUB    DL,30
1874:0109    B4 02      MOV    AH,02
1874:010B    CD 21      INT    21
1874:010D    CD 20      INT    20
— G=100,10D ✓
      8
AX=0238  BX=0000  CX=0000  DX=6638  SP=FFEE  BP=0000  SI=1010  DI=0000
DS=1874  ES=1874  SS=1874  CS=1874  IP=010D  NV UP EI PL ZR NA PO NC
1874:010D    CD 20      INT    20
```

说明：由于本程序有正常出口，因此可直接用 G 命令，但需要设置设 IP 指针，使它指到程序第一条指令的位置，即设置 IP=100。执行结果为 8，程序正常结束。

例如：

```
— R IP ↙
  IP 010D
  : 100 ↙
— G ↙
    8
```

Program terminated normally

思考：执行程序为何要先设 IP 指针，IP 指针的含义是什么？如果不设是否可以？断点地址的含义是什么？

1.3.6 显示内存命令 D

格式：a. D ［段地址］：［地址范围］

　　　b. D ［段寄存器名］：［地址］或 ［地址范围］

　　　c. D

功能：显示指定内存单元的内容。

显示内容格式：段地址、偏移地址、十六进制数、与十六进制数相对应的 ASCII 码字符。没有定义的 ASCII 字符以"·"代替，每行显示 16 个单元的内容，"—"前后分别显示 8 个内存单元的内容。

格式 a 显示的字节数由地址范围来确定。格式 b 和格式 c 每次显示 128 字节的内容。

若命令中只有起始地址，则显示的内容从指定的起始地址开始；若无起始地址，则接着上次地址的最后单元地址开始继续分屏显示。

例如，显示起始地址为 100H 的内存单元内容：

```
— D CS:100 ↙
1874:0100  B0 33 B2 35 00 C2 80 EA – 30 B4 02 CD 21 CD 20 1E   ·3·5···0········
1874:0110  FA 93 12 1F 4D E3 41 D4 – 56 B4 34 FD 3A 6E 4C A3   ····M·A·V·4·:nL·
1874:0120                                                      ················
1874:0130  A4 01 3E FA 93 75 D5 B3 – 70 3A D1 75 8B FA CC 74   ··>··u··p:·u···t
```

比较：内存中存放的数据与 U 命令反汇编后出现的数据是否相同，每个数据对应的单元地址是什么？

例如，显示指定数据段寄存器 DS 的内容为当前段地址，显示该段内偏移地址为 100H～150H 的内容：

```
— D DS: 100 150 ↙
1874:0100  B0 33 B2 35 00 C2 80 EA – 30 B4 02 CD 21 CD 20 1E   ·3·5···0········
1874:0110  FA 93 12 1F 4D E3 41 D4 – 56 B4 34 FD 3A 6E 4C A3   ····M·A·V·4·:nL·
1874:0120  ·                                                   ················
1874:0130  ·                                                   ················
1874:0140  ·                                                   ················
1874:0150  A4
```

思考：最后一行为何只显示一个数据，后面的数据为何没有显示？

如果接着上次显示，只用 D 命令，不需输入地址，从上次显示的最后单元地址开始接着继续显示：

```
— D ↙
1874:0150    01 3E FA 93 75 05 98 - 70 3A D1 75 8B FA CC 74    •>•••u•••••••t•
1874:0160    FA 93 12 1F 4D E3 41 D4 - 56 B4 34 FD 3A 6E 4C A3   •••••••A•4•••••
1874:0170                                                         •••••••••••••••
1874:0180                                                         •••••••••••••••
1874:0190                                                         •••••••••••••••
1874:01A0    •                                                   •
```

做了这条指令练习，便可明白上述提出的问题。

1.3.7　DEBUG 结束命令 Q

格式：Q

功能：程序调试结束，退出 DEBUG 状态，返回 DOS。

Q 命令不能把内存的文件存盘，如希望保存所调试的文件，必须在退出 DEBUG 之前用 W 命令写盘，有关 W 命令的使用方法请参考有关书籍。

例如：

```
— Q ↙
```

1.3.8　修改存储单元内容命令　E

格式：a. E ［地址］［内容表］

　　　　b. E ［地址］

功能：格式 a 是将内容表中的内容去替代指定地址范围中的内存单元内容；格式 b 是连续修改指定地址单元中的内容。

例如，向以 200 为起始地址的内存单元中存放一串十六进制数，先用 D 命令检查一下 200～20FH 单元的内容，再用 E 命令修改 200～20FH 单元的内容。操作如下：

```
— D 200  20F ↙
— E 200   61 62 63 64 65 66 67 68 69 70 71 72 73 74 75 76 ↙
```

用 D 命令查看是否将这些十六进制数替换了原来内存单元的内容：

```
— D 200  20F ↙
1874:0200   61 62 63 64 65 66 67 68 - 69 70 71 72 73 74 75 76   a b c d e f g h i
p q r s t u v
```

如果需用一个字符串来替换原来 220 单元开始的内容（用单引号括起来部分）：

```
— E 220 'ABCDEFGHIJKLMNOPQRSTUVWXYZ' ↙
```

再用 D 命令查看是否替换：

```
— D 200  240 ↙
1874:0200  61 62 63 64 65 66 67 68 - 69 70 71 72 73 74 75 76   a b c d e f g h i p q r s t u v
1874:0210  03 A4 45 24 B5 3C 56 78 - 65 12 4D 33 12 98 47 5B   •••••••••••••••3•
1874:0220  41 42 43 44 45 46 47 48 - 49 4A 4B 4C 4D 4E 4F 50   ABCDEFGHIJKLMNOP
1874:0230  51 52 53 54 55 56 57 58 - 59 5A 3A E8 11 01 B4 A3   QRSTUVWXYZ•••••••
1874:0240  36                                                  6
```

如果要连续修改若干个单元的内容，则需要每修改一个单元内容后按空格键，再接着输入下一个单元的修改内容，直到修改完成，按 Enter 键退出（带下划线的数据是要求修改的内容）。

```
— E 210 ↙
1874:0210  03.30  A4.31  45.32  24.33  B5.34  3C.35  56.36  78.37  65.38
1874:0218  12.39  4D.41  33.42  12.43  98.44  47.45  5B.46 ↙
```

思考：如果只按空格键，并没有输入新数据，原内存单元的数据改变吗？

用 D 命令查看修改情况：

```
— D 210 23F ↙
1874:0210  30 31 32 33 34 35 36 37 - 38 39 41 42 43 44 45 46   0123456789ABCDEF
1874:0220  41 42 43 44 45 46 47 48 - 49 4A 4B 4C 4D 4E 4F 50   ABCDEFGHIJKLMNOP
1874:0230  51 52 53 54 55 56 57 58 - 59 5A 3A E8 11 01 B4 A3   QRSTUVWXYZ・・・・・・
```

1.3.9　填充内存命令 F

格式：F ［范围］［单元内容表］

功能：将单元内容表中的内容重复装入指定的内存范围中。

例如，将 'abc' 重复装入从 250H～29FH 开始的内存单元中：

```
— F 250 29F 'abc' ↙
— D 250 ↙
1874:0250  61 62 63 61 62 63 61 62 - 63 61 62 63 61 62 63 61   abcabcabcabcabca
1874:0260  62 63 61 62 63 61 62 63 - 61 62 63 61 62 63 61 62   bcabcabcabcabcab
1874:0270  63 61 62 63 61 62 63 61 - 62 63 61 62 63 61 62 63   cabcabcabcabcabc
1874:0280  61 62 63 61 62 63 61 62 - 63 61 62 63 61 62 63 61   abcabcabcabcabca
1874:0290  62 63 61 62 63 61 62 63 - 61 62 63 61 62 63 61 62   bcabcabcabcabcab
```

1.3.10　内存搬家命令 M

格式：M ［源偏移地址范围］［目标起始偏移地址］

功能：把源地址范围的内容搬至以目标起始地址开始的存储单元中。

例如，将 250H～29FH 的内容搬到 350H～39FH 开始的内存单元的中。先查看内存 250H～29FH 和 350H～39FH 的内容：

```
— D 250 29F ↙
1874:0250  61 62 63 61 62 63 61 62 - 63 61 62 63 61 62 63 61   abcabcabcabcabca
1874:0260  62 63 61 62 63 61 62 63 - 61 62 63 61 62 63 61 62   bcabcabcabcabcab
1874:0270  63 61 62 63 61 62 63 61 - 62 63 61 62 63 61 62 63   cabcabcabcabcabc
1874:0280  61 62 63 61 62 63 61 62 - 63 61 62 63 61 62 63 61   abcabcabcabcabca
1874:0290  62 63 61 62 63 61 62 63 - 61 62 63 61 62 63 61 62   bcabcabcabcabcab
— D 350 39F ↙
1874:0350  23 45 65 DF 39 3D 34 A2 - 44 F3 A3 23 2A 3D 23 11   #Ee・9=4・D・・#*=#
1874:0360  ・・・・・・・・・・・・・・・・・・・・・・・・・・・・・・・・
1874:0370  ・・・・・・・・・・・・・・・・・・・・・・・・・・・・・・・・
1874:0380  ・・・・・・・・・・・・・・・・・・・・・・・・・・・・・・・・
1874:0390  ・・・・・・・・・・・・・・・・・・・・・・・・・・・・・・・・
```

再用 M 命令将 250H～29FH 的内容搬到 350H～39FH 中，并检查 350H～39FH 的内容变化：

```
— M 250 29F 350 ↙
— D 350 39F ↙
1874:0350  61 62 63 61 62 63 61 62 - 63 61 62 63 61 62 63 61   abcabcabcabcabca
```

```
1874:0360   62 63 61 62 63 61 62 63 - 61 62 63 61 62 63 61 62   bcabcabcabcabcab
1874:0370   63 61 62 63 61 62 63 61 - 62 63 61 62 63 61 62 63   cabcabcabcabcabc
1874:0380   61 62 63 61 62 63 61 62 - 63 61 62 63 61 62 63 61   abcabcabcabcabca
1874:0390   62 63 61 62 63 61 62 63 - 61 62 63 61 62 63 61 62   bcabcabcabcabcab
```

1.3.11   比较命令 C

格式：C ［源地址范围］［目标地址］

其中，源地址范围指由起始地址和终止地址确定的多个连续存储单元，而目标地址指目标地址的起始地址。

功能：从原起始地址单元开始逐个与目标起始地址往后的单元顺序比较每个单元内容，一直比较到源终止地址结束为止。如果比较结果一致，则不显示任何信息；如果比较结果不一致，则以［源地址］［源内容］［目标地址］的形式显示不一致单元地址及内容。

例如，比较 100H～107H 和 200H～207H 的单元内容：

```
—  D  100  10F ✓
1874:0100   B0 33 B2 35 00 C2 80 EA - 30 B4 02 CD 21 CD 20 1E   •3•5•••0•••••••
—  D  200  20F ✓
1874:0200   A0 33 B2 45 00 C2 40 65 - 32 B4 02 EE 21 AB 24 13   •3•E••Ae••2••••
```

用 C 命令进行比较：

```
—  C  100  107  200 ✓
1874:0100    B0    A0   1874:0200
1874:0103    35    45   1874:0203
1874:0106    80    40   1874:0206
1874:0107    EA    65   1874:0207
```

由于在比较范围内，100H 与 200H、103H 与 203H、106H 与 206H、107H 与 207H 中 4 个单元中的内容不同，因此分别列出上述不同单元的地址和内容，而相同的单元则不予显示。前 3 列为源段地址：偏移地址的内容，后 3 列为目的段地址：偏移地址的内容。

1.3.12   命名命令 N

格式：N ［ 文件名.EXE ］
　　　L

功能：在 DEBUG 状态下，用 N 命令命名可执行文件，用 L 命令把用 N 命令命名的可执行文件装入内存（注意：该可执行文件必须已存放在硬盘上，才可用 N 命令装入）。

在进入 DEBUG 调试状态时，如果没有输入文件名，或者是在进入 DEBUG 状态后希望调试另一个程序，则可在不退出 DEBUG 状态下使用 N 命令将需调试的可执行文件命名，用 L 命令把其装入内存进行调试。

注意：用 N 命令命名的文件必须是在硬盘上存在的可执行文件。

例如，用 N 命令调入 PROG. exe 文件：

```
—  N PROG. EXE ✓        （PROG 文件是在硬盘上保存的可执行文件）
—  L ✓                  （把该文件装入内存）
—  U ✓                  （将该文件反汇编后，以汇编语言的形式显示）
```

1.3.13   十六进制数运算命令 H

格式：H 数据 1 数据 2

其中，数据 1 和数据 2 均为十六进制数据。

功能：将两个十六进制数分别进行加、减，并将结果在屏幕上显示。

例如，将十六进制数 13H 和 8H 进行相加、减：

— H 13 8 ↙
001B 000B

注意：001B 是 13H＋08H 的结果，000B 是 13H–08H 的结果。

练习

程序功能：十六进制加法，结果按十进制保存。要求将结果保存在内存 0～2H 单元中。

— A 200 ↙

1874:0200	MOV	AX,4567;	AH=＿＿＿,	AL=＿＿＿
1874:0203	MOV	BX,7286;	BH=＿＿＿,	BL=＿＿＿
1874:0206	MOV	CH,AH;	CH=＿＿＿	
1874:0208	ADD	AL,BL	AL=＿＿＿,	CY=＿＿＿
1874:020A	DAA	;	AL=＿＿＿,	CY=＿＿＿
1874:020B	XCHG	AL,CH;	AL=＿＿＿,	CH=＿＿＿
1874:020D	ADC	AL,BH;	AL=＿＿＿,	CY=＿＿＿
1874:020F	DAA	;	AL=＿＿＿,	CY=＿＿＿
1874:0210	MOV	AH,AL;	AH=＿＿＿,	
1874:0212	MOV	AL,CH;	AL=＿＿＿,	
1874:0214	MOV	[0000],AL;	[0000]=＿＿＿	
1874:0217	MOV	[0001],AH;	[0001]=＿＿＿	
1874:021B	JNB	0223;	CY=＿＿＿,IP=＿＿＿	
1874:021D	MOV	CL,01;	CL=＿＿＿,IP=＿＿＿	
1874:021F	MOV	[0002],CL;	[0002]=＿＿＿	
1874:0223	HLT	;		
1874:0224	↙			

要求：阅读程序，分析每条指令的功能，单步跟踪执行，观察每条指令执行后所对应寄存器的内容及 CY 变化，检查运行结果。

步骤：

（1）用 U　200 命令反汇编源程序，检查程序是否正确。

（2）用 R　IP 命令修改 IP，使 IP=200。

（3）用 T 命令单步跟踪执行程序，记录每条指令执行后的结果。

（4）用 D 命令检查并记录 0～2 单元中的数据。

问题：若不修改 IP 指针用 T 命令执行程序，应输入什么命令？

观察 DAA 指令是如何完成十进制调整，分析 XCHG、JNC 0223 指令作用。

2 汇编语言程序的建立和执行过程

2.1 汇编语言程序建立的工作环境

为运行汇编语言程序至少要在硬盘上安装如下文件：Edit.exe、Masm.exe、Link.exe、Debug.com。其中，Edit.exe 为全屏幕编辑软件，Masm.exe 为宏汇编程序，Link.exe 为连接程序，Debug.com 为 DOS 环境下的调试工具。

2.2 全屏幕编辑命令 EDIT

EDIT 命令建立汇编语言源程序。

2.2.1 EDIT 命令的格式和功能

格式：EDIT ［文件名.ASM］

功能：用在 EDIT 全屏幕编辑窗口中，输入所要建立的汇编指令源程序。

其中，［文件名.ASM］是一个可选项，如指定文件名，则 EDIT 装入一个指定的文件进行编辑；如不指定文件名，则 EDIT 自动建立一个无标题文件，用户可在存盘时指定文件名，**文件名不能用汉字，不能超过 8 个字符**，**.ASM 是汇编文件的扩展名，不可缺少**。

2.2.2 EDIT 命令的启动和退出

启动：在 DOS 状态下，输入 EDIT ［文件名.ASM］，进入编辑窗口。

退出：程序编辑完成后，按 Alt 键激活菜单栏，打开 File 下拉菜单，选择 Save 或 Save As 命令保存编辑后的文件，然后选择 Exit 命令按 Enter 键，退出 E 编辑状态，返回 DOS。

2.2.3 用 EDIT 命令建立汇编语言源程序

例如，编写一程序，要求程序运行后，输出字符串"How are you!"。

命令格式如下：

D:\> CD SJ88 ✓ （打开 D 盘上 SJ88 文件夹）

D:\SJ88> EDIT ABC.ASM ✓ （进入编辑状态，文件名为 ABC.ASM）

此时进入全屏幕编辑状态窗口，在此窗口下即可输入源程序。

【程序范例】：

```
DATA        SEGMENT
BUFF        DB 'How  are  you ! ','$'         ;'$'9号调用结束符
DATA        ENDS
STACK       SEGMENT  STACK
            DB 64 DUP (? )
STACK       ENDS
CODE        SEGMENT
            ASSUME   CS:CODE,DS:DATA,SS:STACK
```

```
START:      ┌ MOV  AX,DATA                   ;将 DATA 赋给 DS 寄存器
            └ MOV  DS,AX
            ┌ MOV  AH,9H                      ;DOS 的 9 号功能调用
            │ MOV  DX,OFFSET  BUFF            ;在屏幕上显示字符串
            └ INT     21H
            ┌ MOV  AX,4C00H
            └ INT 21H                         ;程序正常结束,返回 DOS
CODE          ENDS
              END START
```

　　程序输入完成后，一定要保存文件存盘。按 Alt 键激活菜单栏，打开 File 下拉菜单，选择 Save 或 Save As 命令（改文件名存盘）保存编辑后的文件，然后选择 Exit 命令按 Enter 键，退出编辑状态，返回 DOS，此时在 D 盘上已经建立了一个文件名为 ABC.ASM 的汇编语言源程序。为防止意外，可将此程序用另存一个文件名，一旦刚输入的源程序破坏，可迅速恢复。

2.3　编译命令 MASM

　　MASM 命令生成 OBJ 文件。

　　功能:用 MASM 编译器对源汇编程序进行编译,编译无误后生成二进制的目标文件 OBJ。

　　源文件建立后，需要用汇编语言编译器对源文件进行编译，检查是否存在语法错误，若存在语法错误，则编译器指出程序中的错误所在行、错误类型。此时需要重新返回编辑状态修改程序中的语法错误，只有编译后没有任何错误出现，编译器才将源文件编译生成二进制的目标文件（OBJ），才可进行连接操作。

　　命令格式如下:

```
D:\SJ88>  MASM  ABC.ASM ↙
Microsoft  (R)  Macro  Assembler  Version  4.00
Copyright  (C)  Microsoft Corp 1981—1985,1987,All might reserved.
Object  filename [ABC. OBJ]:↙
Source  listing [NUL. LST]:↙
Cross--reference [NUL. CRF]:↙
51700+403996 Bytes symbol space free
0  Warning  Errors
0  Sever  Errors
D:\SJ88>
```

　　注意: Warning Errors、Sever Errors 前的数字必须均为 0，编译才算通过，如果不为 0，则需记清错误所在行号（在 0 Warning Errors 指令前指示）返回编辑窗口修改程序错误，然后重新编译。

　　第一个是 OBJ 文件，按 Enter 键确定，这样就在磁盘上建立一个目标文件；第二个是 LIST 文件，称为列表文件，这个文件同时列出源程序和机器码程序清单，并给出符号表，可使程序调试更加方便，若需要此列表文件，可输入 ABC.LST↙；然后输入 TYPE　ABC.LST↙，可显示或打印该列表文件，若不需要，可直接按 Enter 键，忽略即可。

2.4 连 接 命 令 LINK

LINK 命令生成 EXE 文件。

功能：用 LINK 命令的功能是为汇编源程序中各变量名设置的段、偏移地址分配所需的直接地址，并生成 EXE 文件。

MASM 编译器编译程序无误后，产生二进制目标程序文件（OBJ）。由于 OBJ 文件不是可执行文件，因此必须用链接程序 LINK 命令，把 OBJ 文件转换为 EXE 文件。LINK 命令的另一功能是为程序中由伪指令定义的各个段分配所需的直接地址。另外，如果一个程序由多个模块组成，也可通过 LINK 命令把它们连接在一起。

命令格式如下：

```
D:\SJ88>  LINK  ABC.OBJ ∠
Copyright Microsoft  Corp  1983—1987,All flights reserved
Run  File [ABC. EXE]:∠
List  File [NUL. MAP]:∠
Libraries [. LIB]:∠
```

LINK 程序有两个输入文件，即 OBJ 和 LIB，OBJ 是需要链接的目标文件，LIB 是程序需要用到的库文件，如无特殊需要，则对 ［.LIB］：按 Enter 键。LINK 程序有两个输出文件，一个是 EXE 文件，是我们需要的，直接对 ［ABC.EXE］：按 Enter 键，这样即在磁盘上建立了可执行文件；另一个输出文件为 MAP 文件，它是链接文件的列表文件，又称为链接映象（Link Map），用于给出每个段存储器的分配情况。

注意：链接程序给出的无堆栈段警告性错误提示并不影响程序的执行，若屏幕提示"LINK: warning L4021 no stack segment"可忽略，至此，链接过程结束，可执行或调试 ABC.EXE 程序。

2.5 程 序 的 调 试 与 执 行

功能：调试、执行程序，输出所需结果。

程序的执行方式有两种：

2.5.1 在 DOS 环境下直接执行程序

直接输入：文件名 ∠。

例如：

```
D:\SJ88>  ABC ∠
    How  are  you!              ;输出程序结果
D:\SJ88>
```

2.5.2 进入 DEBUG 调试窗口执行程序

如需观察程序的执行过程，分析程序运行结果，可进入 DEBUG 环境对程序进行跟踪、调试、运行。

操作步骤如下：

```
D:\SJ88>  DEBUG  ABC.EXE ✓   ;将可执行文件 ABC.EXE 装入 DEBUG
①  — U0 ✓              ;用反汇编命令阅读程序，确定程序起始地址和断点偏移地址
②  — R ✓               ;用 R 命令检查 IP 地址，查看 IP 地址是多少
③  — D DS: 0, 1F ✓     ;用 D 命令检查内存单元，为什么没有看到程序中设置的字符串"How
                          are  you!"? DS 是什么段地址
④  — T2 ✓              ;单步执行两条指令
⑤  — D DS: 0, 1F ✓     ;用 D 命令检查内存单元，为什么出现了字符串
⑥  — G = 05, 0F ✓      ;从当前的 IP 地址连续执行程序，观察运行结果
                          ;为什么地址从 05 到 0F，换其他地址是否可以？该地址是什么段的
                          什么地址
```

要求：

（1）分别打开 DEBUG 和 EDIT 窗口，观察在 DEBUG 状态下和 EDIT 状态下的源程序的主要不同点（用文字说明）。

（2）源程序中变量名 DATA、BUF，在 DEBUG 状态下所对应的直接地址是什么？

（3）U、R、D、T2、G 各命令的含义是什么（用文字回答）？

（4）用文字回答第③步和第⑤步的问题，为什么用同样的命令，显示结果却不同？T2 所起的作用是什么？

（5）回答第⑥步的问题。

（6）将第一单元中（14）练习，改编为汇编标准源程序。将改编后的源程序编译成功后进入 DEBUG 调试环境进行反汇编操作。对照，比较改编后的源程序与第一单元（14）练习的程序是否相同。（改编程序可参考本单元范例进行替换）

3　PC 机软件程序设计实验

3.1　简单程序设计实验

【实验目的】

（1）学习数据传送和算术运算指令的用法。

（2）熟悉在 PC 机上建立、编译、连接、调试和运行汇编语言程序的过程。

【实验内容】

（1）数据传送：将 BUF1 定义的存储单元的内容传送到以 BUF2、BUF3、BUF4 定义开始的存储单元中。

（2）数据置数：以 BUF2 定义开始的单元存放着 16 个随机数，在程序执行完后将填充新的内容，执行程序，观察程序执行以后的结果。

【实验步骤】

（1）进入 EDIT 编辑状态，输入源程序，存盘退出。

（2）编译程序，检查语法错误，如果有错误重新返回编辑状态修改错误。

（3）编译无误后连接程序，生成可执行文件。

（4）进入 DEBUG 状态：先对源程序进行单步调试，了解程序的执行过程后，断点连续运行程序，观察运行结果。

【参考程序 1】

```
DATA    SEGMENT
BUF1    DB  1,2,3,4,5,6,7,8,9,10
BUF2    DB  10 DUP (0)
BUF3    DB  10 DUP (0)
BUF4    DB  10 DUP (0)
DATA    ENDS
CODE    SEGMENT
        ASSUME  CS:CODE,DS:DATA
START:  MOV     AX,DATA
        MOV     DS,AX
        MOV     SI,OFFSET BUF1
        MOV     DI,OFFSET BUF2
        MOV     BX,OFFSET BUF3
        MOV     BP,OFFSET BUF4
        MOV     CX,10
AGAIN:  MOV     AL,[SI]
        MOV     [DI],AL
        INC     AL
```

```
        MOV     [BX],AL
        ADD     AL,3
        MOV     DS:[BP],AL
        INC     DI
        INC     SI
        INC     BX
        INC     BP
        LOOP    AGAIN
        MOV     AX,4C00H
        INT     21H
CODE    ENDS
        END     START
```

【实验要求】

（1）读懂程序，分析程序所完成的功能，并为关键指令行添加注释。

（2）打开 DEBUG 调试窗口，用 <u>U0　2B</u> 命令反汇编程序，观察、记录下列指令所对应的代码段偏移地址，标注在程序左边。

```
START:  MOV     AX,DATA
AGAIN:  MOV     AL,[SI]
        LOOP    AGAIN
        INT     21H
```

（3）在 DEBUG 状态，记录程序中变量 BUF1、BUF2、BUF3、BUF4 所对应**数据段**的偏移地址，并确定每个存储区的地址范围，填写在表 3-1 中。

（4）用 T 命令单步执行程序到 LOOP　AGAIN 指令处。在执行过程中，认真观察每条指令执行后所对应的寄存器中的内容变化，包括 IP 指针及 CX 寄存器中的内容变化。

（5）用 T 命令单步执行程序到 LOOP　AGAIN 指令处，然后用 D 命令格式 b 检查各存储区中数据传送情况，查看每个存储区是否已分别接收到 BUF1 传送来的一个数据。

（6）设置 G 命令，从当前的 IP 地址到程序结束地址，连续执行程序；然后用 D 命令格式 b 检查各存储区数据，并将结果记录在表 3-1 中。

表 3-1   记 录 结 果

数据段 DS 变量地址	数据段直接偏移地址范围	数据段对应存储区单元地址存放的数据
BUF1		
BUF2		
BUF3		
BUF4		

【参考程序 2】

```
DATA    SEGMENT
BUF2    DB  16  DUP (0AH)
COUNT   EQU  0
```

```
BUF3    DB  16  DUP  (0BH)
DATA    ENDS
CODE    SEGMENT
        ASSUME  CS:CODE,DS:DATA
START:  MOV     AX,DATA
        MOV     DS,AX
        MOV     BX,OFFSET  BUF2
        MOV     CX,10H
        MOV     AL,COUNT
LP:     MOV     BYTE  PTR[BX],AL
        INC     BX
        INC     AL
        LOOP    LP
        MOV     AH,4CH
        INT     21H
CODE    ENDS
        END     START
```

【实验要求】

（1）检查由 COUNT 定义数据是否占用内存单元。

（2）执行程序，记录运行结果。

（3）修改程序：要求程序执行结束后 BUF2 定义的存储单元内容为大写 A～Z 26 个英文字母。

（4）修改程序：要求在 DOS 状态下执行程序后，在屏幕上显示输出小写 a～z 26 个英文字母。

3.2　循环程序设计——数据统计

【实验目的】

（1）掌握循环结构的程序设计方法。

（2）了解排序程序的设计思路，掌握其编程方法。

【实验内容】

在地址 BUF 定义的起始单元中存放着 20 个带符号数，编程统计该数据块中正数、负数、零的个数，将结果存放在 BUF1 定义的其始单元中。

【实验步骤】

在 BUF 地址区随意设置 20 个无序的带符号数，在 DEBUG 状态下单步跟踪运行程序，观察程序的执行过程，检查数据统计结果存放是否正确。

【实验要求】

按图 3-1 所示程序流程框图编写程序并上机调试，在 DEBUG 状态下检查统计结果是否正确。

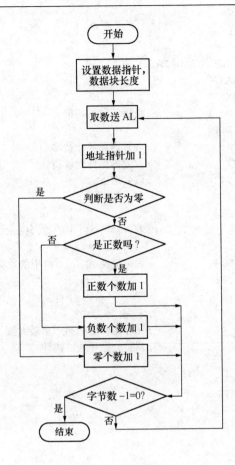

图 3-1　程序流程框图

3.3　循环程序设计——数据排序

【实验目的】

（1）掌握循环结构的程序设计方法。

（2）了解排序程序的设计思路，掌握其编程方法。

【实验内容】

在地址为 ADDR 开始的单元中存放着 10 个无序的无符号数，要求按降序排列，大数在前，小数在后，结果仍放在原地址处。

【实验步骤】

在 ADDR 地址区随意设置 10 个无序的无符号数，在 DEBUG 状态下单步跟踪运行程序，观察程序的执行过程，了解内层和外层循环嵌套如何执行，程序最终怎样完成排序，并检查排序完成后数据的存放是否正确。

【参考程序】

```
DATA    SEGMENT
ADDR    DB  35H,33H,38H,37H,31H,36H,34H,30H,39H,32H
```

```
DATA      ENDS
CODE      SEGMENT
          ASSUME  CS:CODE,DS:DATA
START:    MOV     AX,DATA
          MOV     DS,AX
          MOV     CX,10-1          ;设置计数器初值
          LEA     SI,ADDR
LOP1:     MOV     DX,CX            ;设置内循环计数器
          MOV     DI,SI            ;设置内循环地址指针
          MOV     AL,[DI]          ;取数送 AL
LOP2:     INC     DI
          CMP     AL,[DI]
          JAE     NEXT             ;若 AL>[DI]中的数,转 NEXT
          MOV     BL,AL
          MOV     AL,[DI]          ;否则交换 AL、[DI]中的数据
          MOV     [DI],BL
NEXT:     DEC     DX
          JNZ     LOP2             ;未完,转 LOP2
          MOV     [SI],AL          ;保存比较出的第一个最大数
          INC     SI               ;调整外循环地址指针
          LOOP    LOP1
          MOV     AH,4CH
          INT     21H
CODE      ENDS
          END  START
```

【实验要求】

（1）修改程序：要求使该程序完成升序排列。

（2）修改程序：要求排序结果存放在 BUF 定义的存储单元中。

（3）修改程序：要求将排序前及排序后的结果分别在屏幕上显示。

3.4　宏程序及过程调用程序设计
——统计键盘输入字符并显示统计结果

【实验目的】

（1）掌握 DOS 调用中键盘输入字符及字符在屏幕上显示的软件编程方法。

（2）掌握过程的编写方法及调用过程。

（3）掌握宏替换程序的编程方法，并掌握过程调用与宏替换程序的区别。

【实验内容】

运行程序后，在屏幕上显示提示信息"INPUT DATA THE END FLAG IS #"，之后等待接收用户从键盘上输入的字符并将其回显在屏幕上，若接收字符为 0～9，则计数器加 1，否则输入的字符只在屏幕上显示而不计数，按"#"结束程序，并将计数结果以十六进制形式显示在屏幕上。

【实验步骤】

（1）进入编辑状态，输入源程序，存盘退出。

（2）编译程序，检查语法错误，如有错误重新返回编辑状态修改错误。

（3）编译无误后连接程序，生成可执行文件。

（4）在 DOS 环境下输入文件名按 Enter 键，运行程序，此时屏幕显示提示信息，并等待用户输入字符，按"#"结束程序。程序运行结束后，分析统计结果与输入的字符是否相符。

【参考程序】

```
CRLF     MACRO                              ;宏定义
         MOV     AH,02H
         MOV     DL,0DH                     ;回车符
         INT     21H
         MOV     AH,02H
         MOV     DL,0AH                     ;换行符
         INT     21H
ENDM
DATA     SEGMENT
MESS1    DB      'INPUT DATA THE END FALG IS # ',' $ '
MESS2    DB      'ENTER DATA OR SYMBOL COUNT = ',' $ '
DATA     ENDS
CODE     SEGMENT
         ASSUME  CS:CODE,DS:DATA,ES:DATA
START:   MOV     AX,DATA
         MOV     DS,AX
         MOV     ES,AX
         MOV     BX,0000                    ;计数单元清零
         MOV     AH,09H
         MOV     DX,OFFSET  MESS1           ;显示表头信息
         INT     21H
         CRLF                               ;宏替换,回车换行
LOP1:    MOV     AH,01H                     ;接收键入字符
         INT     21H
         CMP     AL,'#'
         JZ      LOP4                       ;是"#"字符则转 LOP4,显示结果
         CMP     AL,0DH
         JNZ     LOP2                       ;不是回车符则转 LOP2
         CRLF
         JMP     LOP1
LOP2:    CMP     AL,30H
         JB      LOP1                       ;< 30H 则重新接收新字符
         CMP     AL,39H
         JA      LOP1                       ;> 39H 则重新接收新字符
LOP3:    INC     BX                         ;在 30～39 之间,计数器加 1
         JMP     LOP1
LOP4:    CRLF
         MOV     AH,09H
         MOV     DX,OFFSET  MESS2           ;输出结果信息
         INT     21H
         MOV     AX,BX
         CALL    DISP                       ;调显示子程序
         MOV     AH,02H
```

```
        MOV     DL,'H'              ;显示十六进制数标志
        INT     21H
        MOV     AH,4CH              ;程序正常出口
        INT     21H
DISP    PROC    NEAR                ;显示子程序
        PUSH    BX
        PUSH    CX
        PUSH    DX
        PUSH    AX
        MOV     AL,AH
        CALL    DISPP               ;显示高位
        POP     AX
        CALL    DISPP               ;显示低位
        POP     DX
        POP     CX
        POP     BX
        RET
DISP    ENDP
DISPP   PROC    NEAR
        MOV     BL,AL
KKK:    MOV     DL,BL               ;拆字
        MOV     CL,04H
        ROL     DL,CL
        AND     DL,0FH
        CALL    DISPL               ;显示高位
        MOV     DL,BL
        AND     DL,0FH
        CALL    DISPL               ;显示低位
        RET
DISPP   ENDP
DISPL   PROC    NEAR
        ADD     DL,30H              ;由数值转换为 ASCII 码
        CMP     DL,3AH
        JB      DDD                 ;是 0~9 转 DDD 显示
        ADD     DL,27H              ;否 A~F,加 27H 输出
DDD:    MOV     AH,02H
        INT     21H
        RET
DISPL   ENDP
CODE    ENDS
        END     START
```

【实验要求】

（1）本程序中共使用了几种 DOS 调用，总结说明每种 DOS 调用完成的功能。

（2）说明"过程调用"和"宏替换"在程序的执行过程中的区别。

（3）修改程序：要求显示结果按十进制形式输出。

（4）修改程序：要求统计结果是非 0~9 的字符。

3.5 BIOS 功能调用及延时子程序设计

【实验目的】

掌握软件延时程序及 BIOS 调用的程序设计方法。

【实验内容】

读懂所给程序范例，了解其中 BIOS 调用的功能，掌握软件延时程序的设计方法，运行程序观察软件延时对程序的影响，分析运行结果。

【实验步骤】

（1）进入编辑状态，输入源程序，存盘退出。

（2）编译程序，检查语法错误，如果有错误重新返回编辑状态修改错误。

（3）编译无误后连接程序，生成可执行文件。

（4）在 DOS 环境下输入文件名，执行程序观察程序的运行结果。

【参考程序】

```
STACK   SEGMENT STACK
        DB  200 DUP (0)
STACK   ENDS
DATA    SEGMENT
TAB     DB 1H,4H,13H
DATA    ENDS
CODE    SEGMENT
        ASSUME  CS:CODE,DS:DATA,SS:STACK
START:  MOV     AX,DATA
        MOV     DS,AX
        MOV     AH,0
        MOV     AL,2
        INT     10H
        MOV     DL,1
LOP1:   MOV     SI,3
        LEA     DI,TAB
        MOV     BH,0
        MOV     BL,0F0H
        MOV     CX,1
        MOV     DH,10
LOP2:   MOV     AH,2
        INT     10H
        MOV     AH,9
        MOV     AL,[DI]
        INT     10H
        INC     DI
        INC     DH
        DEC     SI
        JNZ     LOP2
        CALL    DELAY
        MOV     AH,6
        MOV     AL,0
```

```
        INT     10H
        INC     DL
        CMP     DL,79
        JB      LOP1
        MOV     AH,4CH
        INT     21H
DELAY   PROC    NEAR                        ;延时子程序
        MOV     BX,05000H
DELL:   MOV     CX,2941H  ┐                 ;10ms 延时
        LOOP    $         ┘
        DEC     BX
        JNZ     DELL
        RET
DELAY   ENDP
CODE    ENDS
        END     START
```

【实验要求】

（1）为程序段每行指令添加注释，了解程序中每个 BIOS 调用的功能。

（2）修改程序：要求改变输出图形的形状、颜色，或在屏幕上横向输出 2、3 个图形。运行程序加以验证。

（3）掌握软件延时时间的计算方法；若增加或减少延时时间，延时子程序中应修改哪个参数。

4 DVCC 8086 实验箱软、硬件使用简介

4.1 DVCC 8086 软件简介

DVCC 8086H 实验系统是专为学习 PC 机硬件实验而开发的实验系统，该实验系统必须连上位机 PC 机一同工作。该实验系统内部固化了很多软件和硬件程序范例，可供用户参考、调用和调试；并配有专门的实验系统软件环境，软件操作简单，可按界面提示进行操作。开机后选择 1 进入 Windows 操作系统，双击桌面的 DVCC 快捷方式图标打开该软件。图 4-1 所示为 DVCC 软件环境基本界面。

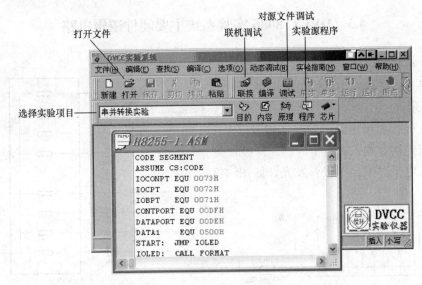

图 4-1 DVCC 基本界面

4.2 DVCC 8086 I/O 接口地址分配说明

8253 接口芯片地址：8253 控制口—4BH，8253 通道 0—48H，8253 通道 1—49H，8253 通道 2—4AH。

138 译码器输出地址：

Y0—000～01FH，Y1—060H～07FH，Y3—070H～07FH。

中断矢量区：00000H～000FFH。

数据区地址：00500H～00FFFH。

程序区地址：01000H～0FFFFH。

8259 命令寄存器口地址为 20H，状态寄存器口地址为 21H，中断源、中断矢量表地址见表 4-1。

表 4-1   **8259 中断源、中断矢量表地址**

8259 中断源	中断类型号	中断矢量表地址
IR0	8	20～23H
IR1	9	24～27H
IR2	A	28～2BH
IR3	B	2C～2FH
IR4	C	30～33H
IR5	D	34～37H
IR6	E	38～3BH
IR7	F	3C0～3FH

4.3　DVCC 8086 实验系统主要硬件逻辑电路

逻辑电平开关电路：开关 K1～K8 拨向上，输出高电平"1"；拨向下，输出低电平"0"，如图 4-2 所示。

发光二极管显示电路：发光二极管 L1～L12 共阳极连接。输入高电平"1"，二极管关闭；输入低电平"0"，二极管发光，如图 4-3 所示。

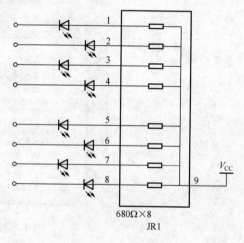

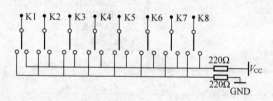

图 4-2　逻辑电平开关电路   图 4-3　发光二极管显示电路

数码管显示电路：数码管显示电路及段码表见表 4-2。

表 4-2   **数码管显示电路及段码表**

字符	0	1	2	3	4	5	6	7	8	9	A	B	C	D	E	F
段码 共阳	C0	F9	A4	B0	99	92	82	F8	80	90	88	83	C6	A1	86	8E
段码 共阴	3F	06	5B	4F	66	6D	7D	07	7F	6F	77	7C	39	5E	79	71

实验箱中提供了 8 个七段数码管显示电路，共阴极连接，如图 4-4 所示。七段数码管显示电路由位驱动电路和段驱动电路两部分组成。当位驱动插孔的某位输入低电平时，对应的数码管被选通，数码管输出需显示的数据。

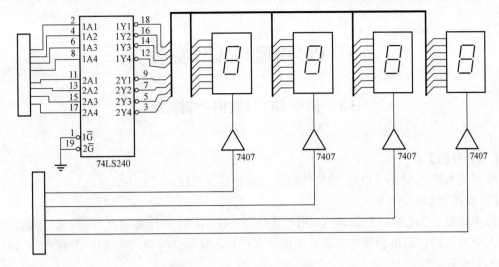

图 4-4   数码管显示电路

实验箱提供了 16 个键的键盘，键盘的四行为 H4~H1，键盘的四列为 L4~L1，如图 4-5 所示。

	L4	L3	L2	L1
H1	0	1	2	3
H2	4	5	6	7
H3	8	9	A	B
H4	C	D	E	F

图 4-5   键盘

键盘电路如图 4-6 所示。

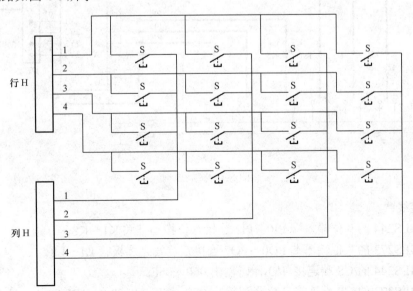

图 4-6   键盘电路

5 PC机硬件设计实验

5.1 简单I/O口输出控制实验

【实验目的】

掌握基本输入/输出（I/O）的软件编程与硬件连接方法。

【实验内容】

以实验板上74LS244作为输入，用开关表示；以74LS273作为输出，用发光二极管表示。当输入全为0时，输出的发光二极管闪烁告警信号，其他情况输入与输出相对应。实验原理如图5-1所示。

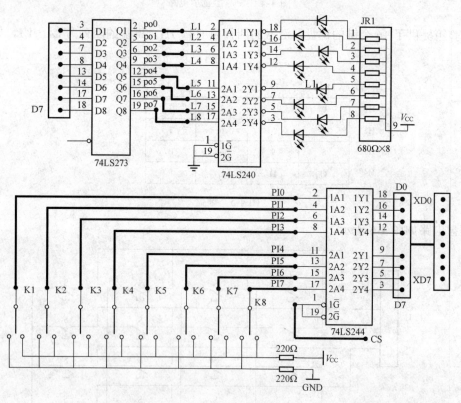

图 5-1 实验原理

实验连线：

（1）74LS244的八位输入端PI0～PI7连接八位拨动开关K1～K8。

（2）74LS273的八位输出端PO0～PO7连接八位发光二极管L1～L8。

（3）74LS244的/CS端连接 I/O译码输出 060～06F。

（4）74LS273的/CS端连接 I/O译码输出 070～07F（8250的DBUF）。

（5）数据线D0～D7分别连接PI、PO的D0～D7。

（6）CLR 连接 SP（273 的 CLR）。

【实验步骤】

（1）按要求编写程序或读懂参考程序。进入 DVCC 软件环境，打开新建程序窗口输入程序，编辑无误后起文件名存盘。

（2）打开硬件实验箱，接好电源，按硬件实验要求连好实验线路，经老师检查无误后，打开实验箱电源。

（3）单击"连接"按钮，弹出两个窗口。

（4）单击"调试"图标，再单击"连续运行"图标，执行程序。

（5）观察实验箱中发光二极管的输出现象，随意拨动开关，观察发光二极管有何变化；若将开关全部打开或关闭，则发光二极管的变化情况有何改变。

【参考程序】

```
CODE     SEGMENT
         ASSUME  CS:CODE
         ORG     1000H
BEGIN:   MOV     BL,0
START:   MOV     DX,60H
         IN      AL,DX
         AND     AL,0FFH
         JZ      FLASH
         MOV     DX,70H
         NOT     AL
         OUT     DX,AL
         JMP     START
FLASH:   MOV     DX,70H
         MOV     AL,BL
         OUT     DX,AL
         MOV     CX,0FFFFH
NEXT:    LOOP    NEXT
         NOT     BL
         JMP     START
CODE     ENDS
         END     BEGIN
```

【实验要求】

读懂程序，为每行指令添加注释。

5.2　8255-1 基本输入/输出实验

【实验目的】

掌握 8255 接口芯片的基本工作原理和软件编程控制方法。

【实验内容】

8255 的 B 口为输入，用开关表示；A 口为输出，用发光二极管表示。当输入的值使发光二极管有亮有灭时，二极管的状态与开关状态保持一致；当输入的值使二极管全灭时，A 口输出报警信号，发光二极管亮一个灯循环显示告警。实验原理图如图 5-2 所示。

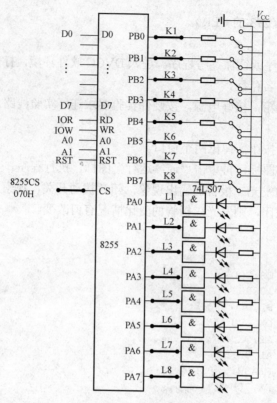

图 5-2　实验原理图

【实验连线】

（1）8255 的 PA 口连接八位发光二极管 L1～L8。

（2）8255 的 PB 口连接八位开关 K1～K8。

（3）8255 的片选端/CS 连接 I/O 译码电路 070～07F。

【实验步骤】

（1）按要求编写程序或读懂参考程序。进入 DVCC 软件环境，打开新建程序窗口输入程序，编辑无误后起文件名存盘。

（2）打开硬件实验箱，接好电源，按硬件实验要求连好实验线路，经老师检查无误后，打开实验箱电源。

（3）单击"连接"按钮弹出两个窗口。

（4）单击"调试"图标，再单击"连续运行"图标，执行程序。

（5）观察实验箱中发光二极管的输出现象，随意拨动开关，观察发光二极管有何变化；若将开关全部打开或关闭，则发光二极管的变化情况有何改变。

【参考程序】

```
PORTA=70H
PORTB=71H
CTRL =73H
MAIN    PROC    FAR
CODE    SEGMENT
```

```
          ASSUME   CS:CODE
          ORG      1000H
BEGIN:    MOV      DX,CTRL              ;8255 初始化
          MOV      AL,82H
          OUT      DX,AL
          MOV      AH,0FFH              ;设置告警状态值
          MOV      BL,1                 ;设置 LED 循环显示初值
LP:       MOV      DX,PORTB             ;B 口读入开关状态
          IN       AL,DX
          AND      AL,AH                ;测试是否为告警状态
          JZ       SHIFT                ;是,转告警程序
          MOV      DX,PORTA             ;否
          NOT      AL
          OUT      DX,AL                ;A 口输出开关状态
          JMP      LP
SHIFT:    MOV      AL,BL                ;告警程序
          MOV      DX,PORTA
          NOT      AL
          OUT      DX,AL
          MOV      CX,0FFFFH            ;延时
DELAY1:   NOP
          LOOP     DELAY1
          ROL      BL,1                 ;移位
          JMP      LP
MAIN      ENDP
CODE      ENDS
          END      BEGIN
```

【实验要求】

（1）修改程序：要求改变灯的移动速率。

（2）修改程序：要求改变灯的移动方向。

（3）修改程序：要求亮 2 个灯同时移动。

（4）修改程序：要求前 4 个灯同时亮，后 4 个灯同时灭，交替闪烁。

5.3　8255-2　交通灯模拟控制实验

【实验目的】

掌握 8255 的基本编程和使用方法。

【实验内容】

使用 8255 的 A 口和 B 口模拟十字路口交通灯的闪烁情况。

实验连线：

（1）8255 的 PB7～4 连接黄灯：PB7－L5，PB6－L8，PB5－L11，PB4－L2。

（2）8255 的 PC0～3 连接红灯：PC0－L9，PC1－L12，PC2－L3，PC3－L6。

（3）8255 的 PC4～7 连接绿灯：PC4－L1，PC5－L4，PC6－L7，PC7－L10。

（4）8255 的片选端/CS 接 I/O 译码电路 070～07F。

【实验步骤】

（1）按要求编写程序或读懂参考程序。进入 DVCC 软件环境，打开新建程序窗口输入程序，编辑无误后起文件名存盘。

（2）打开硬件实验箱，接好电源，按硬件实验要求连好实验线路，经老师检查无误后，打开实验箱电源。

（3）单击"调试"图标，再单"击连续运行"图标，执行程序。

（4）观察实验箱中发光二极管的输出现象。

【参考程序】

```
DATA    SEGMENT
PB      DB   ?
DATA    ENDS
CODE    SEGMENT
        ASSUME  CS:CODE,DS:DATA
        ORG   1000H
START:  MOV   DX,73H
        MOV   AL,82H
        OUT   DX,AL
        MOV   DX,71H
        IN    AL,DX
        MOV   PB,AL
        MOV   DX,73H
        MOV   AL,80H
        OUT   DX,AL
        MOV   DX,71H
        MOV   AL,PB
        OR    AL,0F0H
        OUT   DX,AL
        MOV   DX,72H
        MOV   AL,0F0H
        OUT   DX,AL
        CALL  DELAY1
LLL:    MOV   AL,10100101B
```

```
        MOV    DX,72H
        OUT    DX,AL
        MOV    CX,10
DDD:    CALL   DELAY1
        LOOP   DDD
        OR     AL,0F0H
        OUT    DX,AL
        MOV    CX,0004H
TTT:    MOV    DX,71H
        MOV    AL,PB
        AND    AL,10101111B
        OUT    DX,AL
        CALL   DELAY1
        OR     AL,01010000B
        OUT    DX,AL
        CALL   DELAY1
        LOOP   TTT
        MOV    DX,72H
        MOV    AL,0F0H
        OUT    DX,AL
        CALL   DELAY1
        MOV    AL,01011010B
        OUT    DX,AL
        MOV    CX,10
WWW:    CALL   DELAY1
        LOOP   WWW
        OR     AL,0F0H
        OUT    DX,AL
        MOV    CX,0004H
GGG:    MOV    DX,71H
        MOV    AL,PB
        AND    AL,01011111B
        OUT    DX,AL
        CALL   DELAY1
        OR     AL,10100000B
        OUT    DX,AL
        CALL   DELAY1
        LOOP   GGG
        MOV    DX,72H
        MOV    AL,0F0H
        OUT    DX,AL
        CALL   DELAY1
        JMP    LLL
DELAY1  PROC   NEAR
        PUSH   CX
        MOV    CX,0FFFFH            ;红绿灯亮灭时间常数
CCC:    LOOP   CCC
        POP    CX
        RET
DELAY1  ENDP
CODE    ENDS
END     START
```

5.4 8255-3 数码管显示控制输出实验

【实验目的】

（1）掌握数码管动态扫描的编程方法。

（2）了解数码管位控和段控的含义。

【实验内容】

分别使用 8255 A、B 口来控制 8 位数码管的段控和位控，采用动态扫描方式完成在 8 位数码管上稳定地显示 12345678 个字符。

【实验连线】

（1）8255 的 PA0～PA7 连接段值控制输出 A～H。

（2）8255 的 PB7～PB0 连接位控输出 BIT7～BIT0。

（3）8255 的/CS 端连接 I/O 译码电路 000H～01FH。

【实验步骤】

（1）按要求编写程序或读懂参考程序。进入 DVCC 软件环境，打开新建程序窗口输入程序，编辑无误后起文件名存盘。

（2）打开硬件实验箱，接好电源，按硬件实验要求连好实验线路，经老师检查无误后，打开实验箱电源。

（3）单击"调试"图标，再单击"连续运行"图标，执行程序。

（4）观察实验箱中数码管的显示情况。

【参考程序】

说明：实验程序中的段码表是共阴极码表。

```
CODE    SEGMENT  'CODE'
        ASSUME  CS:CODE
PORTA   EQU     00H
PORTB   EQU     01H
CONTROL EQU     03H
        ORG     1000H
START:  MOV     DX,CONTROL
        MOV     AL,80H              ;设置A、B口为输出方式
        OUT     DX,AL
        MOV     DX,PORTA
        MOV     AL,0FFH             ;关闭A口显示
        OUT     DX,AL
        INC     DX                  ;关闭B口显示
        OUT     DX,AL
DISP:   MOV     BX,OFFSET SEGTAB    ;送段码值表首地址
        MOV     AL,CS:[DUZHI]
        XLAT
        MOV     DX,PORTA
        OUT     DX,AL               ;从A口输出要显示的段码值
        INC     DX
        MOV     AL,CS:[WEIZHI]
        OUT     DX,AL               ;由B口控制位控
```

```
        MOV     CX,0FFH
        LOOP    $                       ;软件延时
        INC     CS:[DUZHI]              ;指向下一个单元
        CMp     cS:[DUZHI],07H
        JA      EXIT
        MOV     AL,CS:[WEIZHI]
        ROL     AL,1                    ;移位
        MOV     CS:[WEIZHI],AL
        TEST    AL,7FH
        JNE     DISP                    ;没到最高位转
EXIT:   MOV     AL,01H                  ;重新设置新值
        MOV     CS:[DUZHI],AL
        MOV     AL,0FEH
        MOV     CS:[WEIZHI],AL
        JMP     DISP
SEGTAB  DB      06H,5BH,4FH,66H,6DH,7DH,7H,7FH,6FH,77H
        DB      7CH,39H,5EH,79H,71H
DUZHI   DB      00H                     ;存放段码初值
WEIZHI  DB      01H                     ;存放位控初值
CODE    ENDS
        END     START
```

【实验要求】

（1）分析增大或减小延时时间，数码管的显示会发生怎样的变化。重新运行程序进行验证。

（2）修改程序：要求只在某一位数码管上显示输出，且显示内容从 1～9 不断变化。

5.5　8255–4 自定义小键盘控制实验

【实验目的】

掌握 8255 与 4×4 小键盘硬件电路的连接方法及软件编程。

【实验内容】

使用 8255 扫描 4×4 键盘，将键值在 LED 显示器上显示。

【实验连线】

（1）8255 的 PC4～PC7 连接键盘的行线 H4～H1。

（2）8255 的 PC0～PC3 连接键盘的列线 L4～L1。

（3）8255 的 PA0～PA7 连接位控输出 BIT1～BIT8。

（4）8255 的 PB0～PB7 连接段值控制输出 A～H。

（5）8255 的 /CS 端连接 JIO 译码输出 060H～06FH。

【实验步骤】

（1）按要求编写程序或读懂参考程序，编辑无误后起文件名存盘。

（2）打开硬件实验箱，接好电源，按硬件实验要求连好实验线路，经老师检查无误后，打开实验箱电源。

（3）单击"调试"图标，再单击"连续运行"图标，执行程序。

（4）按下实验箱中的 4×4 键盘，观察从 4×4 键盘上输入的键值显示是否与分析的键盘定义相一致。

【参考程序】

```
CODE    SEGMENT
        ASSUME  CS:CODE
IOCONPT EQU 0073H
IOC     EQU 0072H
IOB     EQU 0071H
IOA     EQU 0070H
DISBUFF EQU 0500H
KEYFLAG EQU 0510H
KEYBUFF EQU 0511H
COUNT   EQU 0512H
        ORG  1000H
START:  JMP MAIN
MAIN:   CALL INIT8255
        NOP
        MOV    BYTE PTR DS:[DISBUFF],10H        ;关闭显示缓冲区
        MOV    BYTE PTR DS:[DISBUFF+1],10H
        MOV    BYTE PTR DS:[DISBUFF+2],10H
        MOV    BYTE PTR DS:[DISBUFF+3],10H
        MOV    BYTE PTR DS:[DISBUFF+4],10H
        MOV    BYTE PTR DS:[DISBUFF+5],10H
        MOV    BYTE PTR DS:[DISBUFF+6],10H
        MOV    BYTE PTR DS:[DISBUFF+7],10H
        MOV    BYTE PTR DS:[COUNT],00
        MOV    BYTE PTR DS:[KEYBUFF],10H
LP:     CALL   DISP
        NOP
        NOP
        CALL   KEY
        MOV    BX,DS:[COUNT]
        MOV    AL,BYTE PTR DS:[KEYBUFF]
        MOV    BYTE PTR DS:[BX+DISBUFF-1],AL
                               ;从左边第一位开始显示按键值
        MOV    AL,08
        CMP    AL,DS:[COUNT]
        JE     LP1
        JMP    LP
LP1:    MOV    WORD PTR DS:[COUNT],00
        NOP
        JMP  LP
;===========初始化 8255===
INIT8255:MOV   AL,88H          ;PC7~PC4 输入,PC0~PC3、PA、PB 口 输出
        MOV    DX,IOCONPT
        OUT    DX,AL
        MOV    DX,IOC
        MOV    AL,0FH
```

```
        OUT     DX,AL
        NOP
        RET
;=============显示子程序==========
DISP:   PUSH        CX
        MOV     DX,DISBUFF                  ;送显示缓冲首址
        MOV     AH,7FH
DISP0:  MOV     CX,10H
        MOV     BX,DX
        MOV     BL,DS:[BX]
        MOV     BH,0H
        PUSH    DX
        MOV     DX,IOB
        MOV     AL,BYTE PTR DS:[BX+DATA]
        OUT     DX,AL
        MOV     DX,IOA
        MOV     AL,AH
        OUT     DX,AL                       ;送位码
DISP1:  LOOP    DISP1
        MOV     AL,0FFH                     ;0FFH,关显示
        OUT     DX,AL
        POP     DX
        INC     DX
        STC
        RCR     AH,01H
        JC      DISP0                       ;未完,显示下一位
        MOV     DX,IOB                      ;关显示
        MOV     AL,00H
        OUT     DX,AL
        MOV     DX,IOA
        MOV     AL,0FFH
        OUT     DX,AL
        POP     CX
        RET
DATA:   DB 3FH,06H,5BH,4FH,66H,6DH,7DH,07H      ;显示代码
        DB 7FH,6FH,77H,7CH,39H,5EH,79H,71H,40H
;====================读键值====================
KEY:    CALL    SCAN
        MOV     AL,BYTE PTR DS:[KEYFLAG]
        TEST    AL,01H
        JNZ     KEY0
        JMP     KEYEND
KEY0:   MOV     CX,3000H
        LOOP    $
        CALL    SCAN
        MOV     AL,BYTE PTR DS:[KEYFLAG]
        TEST    AL,01H
        JNZ     KEY1
        JMP     KEYEND
```

```
KEY1:    INC     BYTE PTR DS:[COUNT]              ;有键按下,计算键值
         MOV     CX,00
         MOV     DX,IOC
         MOV     AL,07FH
KEY2:    OUT     DX,AL
         PUSH    AX
         NOP
         NOP
         IN      AL,DX
         TEST    AL,80H
         JNZ     NEXT0
         MOV     CH,10H
         JMP     KEYCODE                          ;第一行有键值,转算键值
NEXT0:   TEST    AL,40H
         JNZ     NEXT1
         MOV     CH,20H
         JMP     KEYCODE                          ;第二行有键值,转算键值
NEXT1:   TEST    AL,20H
         JNZ     NEXT2
         MOV     CH,40H
         JMP     KEYCODE
NEXT2:   TEST    AL,10H
         JNZ     NEXTL
         MOV     CH,80H
         JMP     KEYCODE
NEXTL:   POP     AX
         SHR     AL,1
         INC     CL
         JNC     KEYEND
         JMP     KEY2                             ;未扫描完继续
KEYCODE:ADD      CL, CH                           ;算键值
         MOV     AL,CL
         MOV     CL,08H
         MOV     BX,0
RKEY:    CMP     AL,[BX+DATA1]                    ;查键值
         JE      KEY3                             ;相等转移
         INC     BX
         LOOP    RKEY
         JMP     KEYEND
KEY3:    POP     AX
         MOV     BYTE PTR DS:[KEYBUFF],BL         ;送键值
KEYEND:CALL      SCAN                             ;等待键释放
         MOV     AL,BYTE PTR DS:[KEYFLAG]
         TEST    AL,01H
         JNZ     KEYEND
         RET
DATA1:   DB  13H,12H,11H,10H,23H,22H,21H,20H      ;键值表
         DB  43H,42H,41H,40H,83H,82H,81H,80H
```

```
;=======================================================
SCAN:   MOV     DX,IOC              ;是否有键按下,有 KEYEFLAG 为 1,否则为 0
        MOV     AL,00H
        OUT     DX,AL
        NOP
        NOP
        IN      AL,DX
        TEST    AL,80H
        JZ      KEYIN
        TEST    AL,40H
        JZ      KEYIN
        TEST    AL,20H
        JZ      KEYIN
        TEST    AL,10H
        JZ      KEYIN
        MOV     BYTE PTR DS:[KEYFLAG],00
        JMP     SCANEND
KEYIN:  MOV     BYTE PTR DS:[KEYFLAG],01H
SCANEND:RET
CODE    ENDS
END     START
```

【实验要求】

分析键盘扫描表与实际键盘行列的对应关系,确定键盘扫描表与键值表中所对应键值。

5.6 8253 定时/计数器实验

【实验目的】

掌握 8253 定时器的工作原理、编程方法与应用方法。

【实验内容】

以 0.25 MHz 的时钟信号做 8253 计数器 0 的时钟输入信号,定时器工作方式,输出一周期为 X 的方波;计数器 2 设为计数器工作方式。计数器 0 的输出信号做计数器 2 的时钟输入信号,对计数器 0 的输出脉冲进行计数,当计满 10 个脉冲信号后,计数器 2 输出一个信号。

【实验连线】

(1) 8253 的 CLK0 连接 0.25MHz 分频输出。

(2) 8253 的 GATE0(VCC 端)连接+5V。

(3) 8253 的 GATE2 连接+5V。

(4) 8253 的 OUT0 连接任一个发光二极管。

(5) 8253 的 CLK2 连接 OUT0。

(6) 8253 的 OUT2 连接另一个发光二极管。

【实验步骤】

(1) 按要求编写程序或读懂参考程序。进入 DVCC 软件环境,打开新建程序窗口输入程序,编辑无误后起文件名存盘。

(2) 打开硬件实验箱,接好电源,按硬件实验要求连好实验线路,经老师检查无误后,打开实验箱电源。

（3）单击"调试"图标，再单击"连续运行"图标，执行程序。

（4）观察实验箱中 8253 芯片 OUT0、OUT2 端发光二极管的计数显示变化。

8253 接口芯片地址分配：

8253 控制口——4BH，8253 通道 0——48H

8253 通道 1——49H，8253 通道 2——4AH

【参考程序】

```
CODE      SEGMENT
          ASSUME  CS:CODE
             ORG  1000H
START:    MOV     DX,4BH          ;控制口地址
          MOV     AL,36H          ;定时器 0 模式 3 方波发生器
          OUT     DX,AL
          MOV     DX,48H          ;通道 0 数据口
          MOV     AL,0FFH         ;时间常数低位
          OUT     DX,AL
          MOV     AL,0FEH         ;时间常数高位
          OUT     DX,AL
          MOV     DX,4BH
          MOV     AL,0B4H         ;定时器 2 模式 2 脉冲发生器
          OUT     DX,AL
          MOV     DX,4AH          ;通道 2 数据口
          MOV     AL,0AH          ;时间常数低位
          OUT     DX,AL
          MOV     AL,0H           ;时间常数高位
          OUT     DX,AL
          HLT                     ;程序暂停
CODE      ENDS
          END START
```

【实验要求】

（1）修改程序：改变 8253 计数器的时间常数，要求计 5 个脉冲。

（2）绘制该实验的硬件连线原理图，并用箭头标明输入信号和输出信号方向。

5.7 PC 机内部 8253 应用实验
——用 PC 机键盘模拟"电子琴"演奏实验

【实验目的】

掌握 8253 定时器的工作原理、编程方法与应用方法。

【实验内容】

利用 PC 机扬声器发出不同频率的声音，使 PC 机成为一架可弹奏的"电子琴"，当按下数字键 1~8 时，依次发出 1、2、3、4、5、6、7、i 八个音符。

【实验原理】

要使计算机成为可弹奏的钢琴，需要使用系统调用的 01H 功能以接收输入字符，并且建立一张表，使输入字符与频率值构成一个对应关系，见表 5-1。

表 5-1　　　　　　　　　　输入字符与频率值的对应关系

输入字符	1	2	3	4	5	6	7	8
音　符	1	2	3	4	5	6	7	8
频率值	524	588	660	698	784	880	988	1048

通过给 8253 定时器装入不同的计数值，可以使其输出不同频率的波形，当与门打开后，经过放大器的放大作用，便可启动扬声器发出不同频率的音调。要使该音调的声音持续一段时间，只要输入延时程序，之后再将扬声器切断（关闭与门）即可。

PC 机扬声器电路如图 5-3 所示（42H、43H 为 PC 机内部 8253 数据口与控制口的地址）。

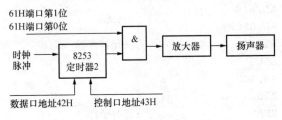

图 5-3　定时器控制电路

【实验步骤】

（1）按要求编写程序或读懂参考程序。在编辑状态下建立源程序，编辑、汇编、连接无误后起文件名存盘退出。

（2）在 DOS 环境下，输入"文件名.EXE"，运行已编译好的可执行文件，然后按键盘 665358656 3565321532 2235563321 55321685，看弹奏的是什么乐曲，如果想退出当前状态，按 Ctrl+C 组合键结束程序，返回 DOS 状态。

【参考程序】

```
DATA    SEGMENT
TABLE   DW  524,588,660,698,784,880,998,1048
```

```
        DATA    ENDS
        CODE    SEGMENT
                ASSUME  CS:CODE,DS:DATA
        START:  MOV     AX,DATA
                MOV     DS,AX
        SING:   MOV     AH,01H          ;接收输入的字符
                INT     21H
                CMP     AL,03H          ;与 Ctrl+C 比较
                JZ      FINISH          ;是,则结束程序
                SUB     AL,31H
                SHL     AL,01           ;转化为查表偏移量
                MOV     BL,AL
                MOV     AX,0H
                MOV     DX,12H          ;常数 120000H 作为被除数
                MOV     BH,0H
                DIV     WORD PTR[TABLE+BX]
                MOV     BX,AX           ;求得频率值→BX
                MOV     AL,10110110B    ;计数器 2,方式 3 方波发生器
                OUT     43H,AL
                MOV     AX,BX
                OUT     42H,AL
                MOV     AL,AH
                OUT     42H,AL
                IN      AL,61H
                OR      AL,03H          ;保证 61H 端口 D0、D1 位为 1
                OUT     61H,AL          ;打开与门
                CALL    DELAY           ;延时一段时间
                IN      AL,61H
                AND     AL,0FCH
                OUT     61H,AL          ;关闭扬声器
                JMP     SING
        FINISH: MOV     AH,4CH
                INT     21H
        DELAY   PROC    NEAR            ;延时子程序
                PUSH    CX
                PUSH    AX
                MOV     AX,01FFFH       ;改变 AX 中的值,可改变发生的长短
        X1:     MOV     CX,0FFFFH
        X2:     LOOP    X2
                DEC     AX
                JNZ     X1
                POP     AX
                POP     CX
                RET
        DELAY   ENDP
        CODE    ENDS
                END     START
```

【实验要求】

（1）修改程序：要求运行程序后，计算机能够自动演奏所谱乐曲。

（2）修改程序：要求运行程序后，计算机能够自动多遍演奏所谱乐曲。

5.8 8259 中断综合控制实验

【实验目的】

（1）掌握 8259 中断控制器的工作原理与应用。

（2）了解综合性实验的硬件连接与软件编程。

【实验内容】

本实验是 8259 中断与 8255 基本输入、输出结合的综合性实验。实验要求用单脉冲信号模拟外部中断请求信号，使用 8259 的 IRQ3 接收中断请求信号。每执行一次中断服务程序，8255 A 口的内容加 1 输出一次，输出结果用发光二极管显示。

【实验步骤】

（1）按要求编写程序或读懂参考程序。进入 DVCC 软件环境，打开新建程序窗口输入程序，编辑无误后起文件名存盘。

（2）打开硬件实验箱，接好电源，按硬件实验要求连好实验线路，经老师检查无误后，打开实验箱电源。

（3）单击"调试"图标，再单击"连续运行"图标，执行程序。

（4）按触发器 SP 给 8259 发中断请求信号，观察执行中断服务程序后发光二极管的输出变化。

【实验连线】

（1）将单脉冲发生器 SP 连接 8259 的 IRQ3。

（2）8255A 口连接 L1~L8，发光二极管。

（3）8255 片选线连接 I/O 译码电路 060~06F。

实验原理如图 5-4 所示。

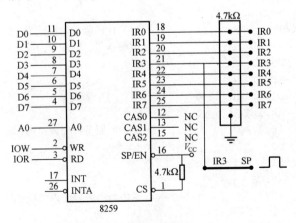

图 5-4　实验原理（一）

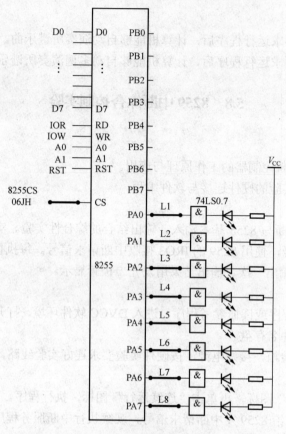

图 5-4　实验原理（二）

【参考程序】

```
INTT1    EQU  0020H                ;定义 8259 偶断口地址
INTT2    EQU  0021H                ;定义 8259 奇断口地址
INTQ3    EQU  INTP3                ;定义 8259 中断服务程序入口
CODE     SEGMENT
         ASSUME CS:CODE
         ORG 1000H                 ;定义代码段起始地址为 1000H
START:   MOV  AX,0H                ;设数据段、附加段的段地址为 0
         MOV  DS,AX
         MOV  ES,AX
         MOV  DI,002CH             ;写 3 号中断向量
         LEA  AX,INTQ3
         MOV  [DI],AX              ;送中断服务程序入口偏移地址
         INC  DI
         INC  DI
         MOV  AX,CS
         MOV  [DI],AX              ;送中断服务程序入口段地址
         IN   DI
         INC  DI
         MOV  AL,13H               ;写 ICW1,电平触发,单片,要 ICW4
         MOV  DX,INTT1
```

```
          OUT     DX,AL
          MOV     AL,08H              ;写 ICW2,中断号的高 5 位
          MOV     DX,INTT2
          OUT     DX,AL
          MOV     AL,09H              ;写 ICW4,8088 模式,缓冲方式,一般嵌套
          OUT     DX,AL
          MOV     AL,82H              ;写 8255 控制字
          MOV     DX,063H
          OUT     DX,AL
          MOV     BL,1H               ;写 8255 输出初值
          STI                         ;开中断
DENG:     JMP     DENG                ;等待中断
INTP3:    CLI                         ;中断服务程序
          MOV     DX,60H
          MOV     AL,BL
          NOT     AL
          OUT     DX,AL
          INC     BL
          MOV     AL,20H              ;开放中断对应的屏蔽位
          MOV     DX, INTT1
          OUT     DX, AL
          STI
          IRET                        ;中断返回
CODE      ENDS
          END     START
```

【实验要求】

修改程序：修改中断服务程序，要求每次中断使 8255 控制彩灯循环显示一次。

5.9 8250 双机串行通信实验

【实验目的】

(1) 进一步了解串行通信的基本工作原理。

(2) 掌握串行接口芯片的工作原理和编程方法。

【实验内容】

本实验要求以查询方式进行收发。使用两台实验箱，其中一台为串行发送，另一台为串行接收，在发送机上输入要发送的字符，在接收机的显示器上输出接收的字符。

实验原理如图 5-5 所示。

【实验步骤】

(1) 按原理图连线，并将 1 号实验箱的 GND 插孔与和 2 号实验箱的 GND 插孔相连（共地）。

(2) 在接收实验箱的键盘上输入：MON \GO \F000：B540 \EXEC，此时该实验箱的显示器显示"8251-2"，进入等待接收状态。

(3) 在发送实验箱的键盘上输入：MON \GO \F000：B450 \EXEC，显示器显示"8251-1"，进入串行发送状态。

（4）在发送实验箱的键盘上输入数字键，观察接收实验箱显示器上显示的对应字符是否正确。

（5）按 MON 键停止发送，发送结束。若输入数字键后再按 EXEC 键，1 号机显示"8251 good"。如果不输入数字键直接按 EXEC 键，则显示"Err"；如果双机通信不能正常进行，也显示"Err1"。

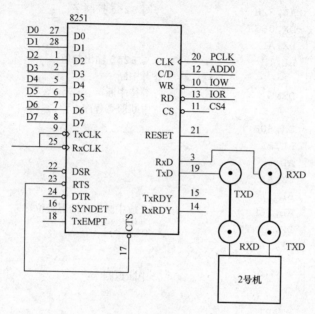

图 5-5　实验原理

【参考程序】
略。

5.10　8250 单机串行通信实验

【实验目的】
（1）进一步了解串行通信的基本原理。
（2）掌握串行接口芯片的工作原理和编程方法。

【实验内容】
本实验实现的是自发自收串行通信。要求在实验箱键盘上输入一个字符，将其加 1 后发送出去，再接收回来在实验箱数码管上显示出来。如图 5-6 所示，8250A 时钟接 2MHz，若选波特率为 9600bit/s，波特率因子为 16，则因子寄存器值低字节为 13（0DH），高字节为 00H。

【实验连线】
（1）8250 XTAL1 连接 2MHz。
（2）8250 SIN 连接 SOUT。
（3）8250/CS 连接 070H。
（4）8250 RST 悬空。

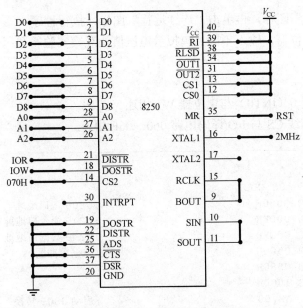

图 5-6　实验原理

【实验步骤】

（1）打开硬件实验箱，接好电源，按硬件实验要求连好实验线路，经老师检查无误后，打开实验箱电源。

（2）在实验箱的键盘上输入：MON \GO \F000：B780 \EXEC。

（3）实验箱显示器显示。

（4）在实验箱键盘中发送数字字符，观察在数码管中接收的字符是否比发送的字符数值大 1。

【参考程序】

略。

5.11　0809 A/D 转换实验

【实验目的】

（1）加深理解逐次逼近法模数转换器的特征和工作原理。

（2）掌握 ADC 0809 的接口方法及软件编程方法。

【实验内容】

本实验采用 ADC 0809 做 A/D 转换器。由实验仪上的 W1 电位器提供模拟输入量，经 0809 A/D 转换器的 0 通道将模拟量转换成数字量，并将转换后的数字量结果通过实验箱上的数码管实时跟踪显示（0809 转换时间约为 100μs）。

【实验步骤】

（1）按要求编写程序或读懂参考程序。进入 DVCC 软件环境，打开新建程序窗口输入程序，编辑无误后起文件名存盘。

（2）打开硬件实验箱，接好电源，按硬件实验要求连好实验线路，经老师检查无误后，打开实验箱电源。

（3）单击"调试"图标，再单击"连续运行"图标，执行程序。

（4）随意转动电位器，输入不同的模拟量电压值，观察实验箱数码管对应显示转换的数据是否正确。

【实验连线】

（1）0809 的通道 0（INT0）与电位器 W1 相连。

（2）0809 的片选线 CS 与 I/O 译码电路 060～06F 相连。

【参考程序】

```
CODE     SEGMENT
         ASSUME   CS:CODE
ADPORT      EQU 0060H              ;0809 端口地址
CONTPORT    EQU 00DFH              ;8279 命令口地址
DATAPORT    EQU 00DEH              ;8279 数据口地址
DATA2       EQU 0500H              ;数据缓冲区
DATA1       EQU 0580H
            ORG 1000H
START:  MOV    AX,00               ;启动 0809 转换
        MOV    DX,ADPORT
        OUT    DX,AL
        MOV    CX,0500H            ;延时等待转换结果
DELAY:  LOOP   $
        MOV    DX,ADPORT
        IN     AL,DX               ;读转换结果
        MOV    CL,AL               ;保存
        CALL   CONVERS             ;调用拆字转显示代码子程序
        CALL   LEDDISP             ;调用显示子程序
        JMP    START
CONVERS:MOV    BH,0H               ;拆字转显示代码子程序
        AND    AL,0FH
        MOV    BL,AL
        MOV    AL,CS:[BX+DATA2]
        MOV    BX,DATA1
        MOV    DS:[BX],AL          ;保存低位显示代码
        INC    BX
        PUSH   BX
        MOV    AL,CL
        MOV    CL,04H
        SHR    AL,CL
        MOV    BL,AL
        MOV    BH,0H
        MOV    AL,CS:[BX+DATA2]
        POP    BX
        MOV    DS:[BX],AL          ;保存高位显示代码
        RET
LEDDISP:MOV    AL,90H              ;显示子程序
        MOV    DX,CONTPORT
        OUT    DX,AL
        MOV    BYTE PTR DS:[0600H],00
LED1:   CMP    BYTE PTR DS:[0600H],07H
```

```
        JA      LED2
        MOV     BL,DS:[0600H]
        MOV     BH,0H
        MOV     AL,DS:[BX+DATA1]
        MOV     DX,DATAPORT
        OUT     DX,AL
        ADD     BYTE PTR DS:[0600H],01H
        JNZ     LED1
LED2:   RET
CODE    ENDS
        END     START
```

注意：将 0~F 字符显示代码表依次送入数据段 0500H 开始的单元中。

```
DB  3FH,06H,5BH,4FH,66H,6DH,7DH,07H
DB  7FH,6FH,77H,7CH,39H,5EH,79H,71H
```

第二部分 51单片机软件及硬件实验

6 WAVE 软件环境介绍

6.1 WAVE 软件特性

WAVE（伟福）单片机调试软件功能十分强大，该软件内部虚拟了一个 CPU，可以在不连任何外部 51 系列仿真器的情况下虚拟动态的实时仿真、跟踪、调试软件程序，CPU 窗口、数据窗口、I/O 口将实时、动态、跟踪、显示当前的运行状态及结果，为用户调试程序提供了极大的方便。

6.2 WAVE 软件的基本界面

在 WAVE 调试软件的基本界面中分别包括版本信息栏、菜单栏、工具栏、基本工作区、状态栏等。其基本的调试界面如图 6-1 所示。

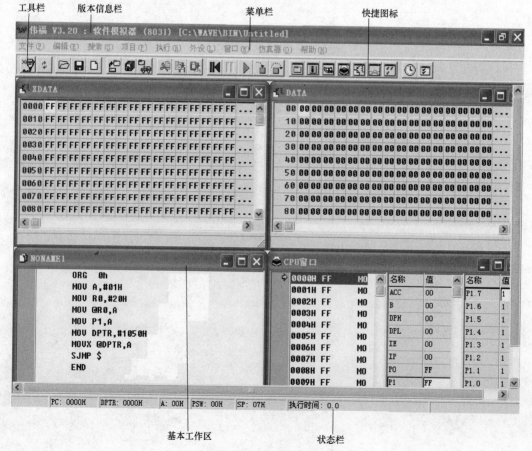

图 6-1 基本的调试界面

6.3 WAVE 软件简介

6.3.1 菜单栏

菜单栏主要包括文件、编辑、搜索、项目、执行、外设、窗口、仿真器、帮助等内容。下面介绍主要的相关内容。

1. 文件

（1）新建文件□：建立一个新的用户程序，存盘时，系统要求用户输入文件名。

注意： 汇编语言由用户起文件名。

要求： 文件名不能用汉字；文件名长度不能超过 8 个字符；扩展名为.ASM。

（2）保存文件█：保存用户程序。用户修改程序后，如果进行编译，则在编译前系统自动将修改过的文件存盘。

（3）另存为：将用户程序另存为一个新文件作为备份，原来的文件内容不会改变。

（4）打开文件◻：打开用户程序，进行编辑。如果文件已经在项目中，可以在项目窗口中双击相应文件名，打开该文件。

2. 项目

编译█：将用户输入的汇编语言程序编译成机器码程序，即目标程序，生成 BIN（二进制）格式和 HEX（英特尔）格式的目标程序，同时检查语法错误，如果程序中存在语法错误，则指出错误类型及错误所出现的行号。双击信息窗口中的错误行，指针自动跳转到源程序的错误行处，用户可直接对源程序的错误行进行修改。错误修改完毕后重新编译程序，直到信息窗口没有提示错误信息为止。

3. 执行

（1）设置 PC：单击鼠标右键，将 PC 指针（光标）设置到所希望开始执行的程序行，程序将从 PC 设定行，即光标所在行开始执行程序。

（2）全速执行：单击▶图标，程序将从 PC 指针所设置的地址连续执行程序，一直执行到程序结束。注意：单击▶图标后一定要单击▐▐图标结束程序，刷新数据。

（3）跟踪：单击▦图标，单步跟踪执行每行程序指令，观察每行指令执行后的结果，并跟踪到函数或过程的内部。

（4）单步：单击▦图标，单步执行程序，与跟踪不同的是，该执行方式按程序指令顺序依次执行，不跟踪到函数或子程序内部。

（5）执行到光标处：程序从当前 PC 位置全速执行到程序光标所在行，如果光标所在行没有可执行代码，则提示"这行没有代码"。

（6）设置/取消断点：将光标所在行设为断点，如果该行原来已为断点行，则取消该行断点，断点有效行的背景色为红。

4. 窗口

（1）CPU 窗口：左边是编译正确的机器码指令及汇编语言程序，右边是 SFR（特殊功能寄存器）窗口和位窗口，通过该窗口可以动态显示、跟踪、程序在执行过程中的寄存器的变化情况。各寄存器的值可以根据需要随时进行修改设置。修改方式是，单击所需要修改设置的寄存器，然后在"值"的窗口输入所需的新数值。

（2）数据窗口：51 系列有 4 种数据窗口，即内部数据 DATA 窗口、外部数据 CODE 窗口、外部数据 XDATA 窗口、外部数据 PDATA 窗口（页方式），下面主要介绍前 3 种。

内部数据 DATA 窗口：显示 CPU 内部 RAM 的 256 个单元内容及对应的 ASCII 码值。窗口第一列为蓝色：8 位地址栏。每行 16 个存储单元，每个单元以字节为单位，可存放一个数据，系统默认该数据为十六进制数。编程中用 MOV 指令寻址该数据窗口中的数据。窗口最下行为状态栏，显示某存储单元地址。其中，00H～1FH 单元为工作寄存器区，20H～2FH 单元为位寻址空间，80H～FFH 单元为特殊功能寄存器区。

例如，02H 地址单元等于 0 工作区中 R2 的地址单元，0AH 地址单元内容等于 1 工作区中 R2 内容。若需修改某一单元内容可单击该单元地址，然后从键盘输入数据。若双击单元地址，则弹出一个对话框，可在其中输入二进制、十进制或十六进制数据。修改过的单元内容为红色，表示该单元的内容是重新修改过的数据或是程序执行过程中刷新过的数据。

注意：双击单元地址，在弹出的对话框中输入的数据必须符合数据格式。例如，46（十进制）、0A7H（十六进制）、00101110B（二进制）都是有效的数据格式。否则系统提示错误，要求重新输入正确的数据值。

外部数据 XDATA 窗口：该窗口是外部数据窗口，蓝色的地址栏为 16 位。若想寻址该窗口中某个存储单元的内容，在程序中用 MOVX 指令寻址，用数据指针 DPTR 设置单元地址。若需修改某地址单元中的数据，方法可参考 DATA 窗口中数据的修改方法。

外部数据 CODE 窗口：该窗口是程序数据窗口，在该窗口中显示程序编译后的指令代码（目标程序即机器码指令）。修改某地址单元中数据的方式同 DATA 窗口的修改方式相同。

5．平排窗口

平排窗口即并列、并行显示项目中已打开的多个窗口。

注意：最小化的窗口不参加窗口的排列，只对打开的窗口进行排列。例如，已经打开了 4 个窗口，选择"窗口/平排窗口"选项后，窗口显示如图 6-2 所示。

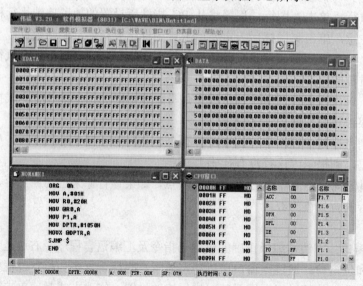

图 6-2　平排窗口

6.3.2 工具栏

工具栏中的图标及其名称见表 6-1。

表 6-1 **图 标 及 其 名 称**

图 标	名 称	图 标	名 称
↕	系统刷新	⏮	系统复位（快捷键 Ctrl+F2）
▱	打开文件（快捷键 F3）	⏸	暂停
▣	保存文件	▶	全速运行（快捷键 Ctrl+F9）
▯	新建文件	▤	跟踪运行（快捷键 F7）
▦	编译程序（快捷键 F9）	▣	单步运行（快捷键 F8）

6.3.3 使用 WAVE 软件编写程序及调试步骤

注意：该操作过程适用于以下所有软件编程实验及调试过程。

（1）单击▯图标新建文件，在打开的程序窗口中按要求编写程序。

（2）单击▣图标保存文件，为编写后的程序起文件名并存盘。

（3）单击▦图标编译程序，检查语法。若程序中出现语法错误，则在信息窗口中显示错误信息。双击信息窗口中的错误行，系统自动跳入程序错误行，即可进行修改。

（4）分别打开 CPU 窗口、DATA 窗口和 XDTAT 窗口，根据程序要求给内部单元和外部单元赋初值。

（5）选择"窗口/平排窗口"选项。

（6）单击复位图标⏮，使 PC 指针指向第一行，或单击所希望开始执行的程序行任意处，单击鼠标右键，设置 PC 为当前行。

（7）跟踪、单步或全速执行程序，观察各窗口中数据的变化，观察程序运行结果是否正确。

7 51 单片机软件程序设计实验

7.1 基本指令调试练习

【实验目的】

（1）熟悉 WAVE 单片机软件开发环境。

（2）了解单片机基本指令功能，调试下列程序，观察记录每条指令运行结果。

【实验内容】

（1）分析下列基本指令的功能，单步执行，记录每条指令调试后的结果，设 50H=0B8H，2AH=0B9H，20H=0BAH。

```
MOV  A,#50H          ;A=_____
MOV  A,50H           ;A=_____
MOV  50H,#20H        ;50H=_____
MOV  C,50H           ;CY=_____（检查 PSW 寄存器中 CY）
MOV  50H,20H         ;50H=_____
MOV  R6,#66H         ;R6=_____
MOV  66H,#45H        ;66H=_____
MOV  66H,C           ;2CH=_____,66H（位地址）=_____
```

（2）执行下列指令后，观察记录栈指针的变化。

```
MOV  SP,#70H         ;SP=_____
MOV  A,#8CH          ;ACC=_____
MOV  B,#0F0H         ;B=_____
PUSH ACC             ;70H=_____, 71=_____,SP=_____
PUSH B               ;72H=_____, SP=_____
POP  ACC             ;ACC=_____, SP=_____
POP  B               ;B=_____,   SP=_____
```

（3）用 MOVC A，@A+DPTR 指令求 5 的平方值，并将结果存放在内部 30H 单元中。设平方表存放于以 TAB 标号定义或 100H 定义的起始单元中，用两种方式编写程序。

7.2 基本指令编程及调试

【实验目的】

(1) 学习简单程序的编写方法。

(2) 进一步掌握简单程序的调试方法，执行程序，观察运行结果是否正确。

【实验内容】

编写基本指令完成下列操作，并将所编写指令填写在空白处。设 R1=58H；内部 20H=0A1H，40H=0A2H；外部 30H=0C3H，40H=0C4H，50H=0C5H。

(1) 把 R1 中内容传送至 R0。

L1：

(2) 把内部 20H 单元内容传送至内部 30H 单元中。

L2：

(3) 把内部 20H 单元内容传送至外部 20H 单元中。

L3：

(4) 把外部 30H 单元内容传送至外部 20H 单元中。

L4：

(5) 把内部 20H 单元内容与内部 40H 单元内容交换。

L5：

（6）把内部 20H 单元内容与外部 30H 单元内容交换。
L6:

（7）把外部 40H 单元内容与外部 50H 单元内容交换。
L7:

7.3　顺序结构程序设计

【实验目的】
学习顺序结构程序的编程方法及调试过程。

【实验内容】
（1）位寻址指令编程练习：用位寻址指令将 28H 单元中数据 D_7 位变 0，D_6 位变 1，D_2 位取反，其他位保持不变；设 28H=0A5H，记录每执行一步以后 28H 单元内容的变化。

（2）简单编程练习：将内部存储单元 20H 和 30H 开始的两字节十进制数（BCD 码）相加，结果存放于 40H 开始的单元中。

设 20H=57，21H=86，30H=78，31H=79，结果存放单元 40H =＿＿＿，41H=＿＿＿，42H =＿＿＿。

7.4　分支、循环结构程序设计

【实验目的】

学习分支、循环结构程序的编程方法及调试过程。

【实验内容】

（1）统计数据个数：在 100H 开始的单元中存放着 50 个带符号数，编程统计该数据块中的正数、负数、零的个数，并将结果分别存入 30H、31H、32H 单元中。

（2）求最小值：在内部 RAM 30H 开始的单元中依次存放着 20 个无符号数，编程找出其中的最小值，并把它存入 MIN 定义的单元中。

（3）BCD 码转换为 ASCII 码：在 100H～104H 单元中存放着 5 个压缩的 BCD 码，编程将它们转换成 ASCII 码，并将转换后的 ASCII 码存入内部 50H 开始的单元中。

（4）求字符串长度：内存中以 START 开始的区域有一个字符串，该字符串的最后一个字符为$（其 ASCII 码为 24H），统计该字符串的长度，并存入 NUM 单元。

7.5 查表及循环嵌套程序的设计

【实验目的】

练习查表及循环嵌套程序的编程方法及调试过程。

【实验内容】

（1）查表程序：从首地址为 0150H、长度为 100 的数据表中查询 A 的 ASCII 码值，并将存放 A 的 ASCII 码的单元地址存入 100H 和 101H。

（2）十六进制单字节乘法：被乘数存放在 R4（高位）R3 中，乘数存放在 R2 中，运算结果分别存放在 R7（高位）R6、R5（低位）中。设 R4=78H，R3=34H，R2=26H，结果为 R5=B8H，R6=D7H，R7=11H。

（3）排序程序：编写程序。要求将内部 RAM 30H 开始的单元中随意存放的 10 个无符号数按降序排列，排序结果仍存放在 30H 开始的单元中。

8　DVCC-51 单片机仿真实验系统介绍

8.1　DVCC-51 仿真实验系统的特点

　　DVCC-51 单片机仿真器实验系统是专为学习单片机硬件实验而开发的实验系统。该系统可用于 51 单片机的仿真开发；可以单机独立运行或连上位（PC 机）工作。该实验系统内部固化了很多软件和硬件程序范例，可供用户参考、调用和调试；并配有专门的实验系统软件环境，软件的基本界面同 WAVE 软件相类似，使用方法基本相同，此处不再赘述。图 8-1 所示为 51 状态下 DVCC 软件环境基本界面。

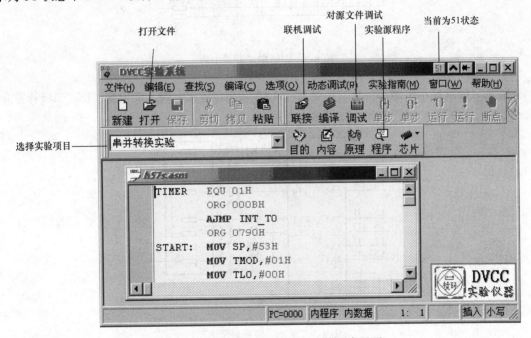

图 8-1　51 状态下 DVCC 软件环境基本界面

8.2　DVCC-51 实验系统 I/O 接口地址分配说明

　　8155 接口芯片地址：8155 控制口—FF20H，8155 A 口（字位）—FF21H，8155 B 口（字形）—FF22H，8155 C 口（键扫）—FF23H。

　　8255 接口芯片地址：8255 控制口—FF2BH，8255 A 口—FF28H，8255 B 口—FF29H，8255 C 口—FF2AH。

　　8253 接口芯片地址：8253A 控制口—4BH，8253A 通道 0—48H，8253A 通道 1—49H，8253A 通道 2—4AH。

　　138 译码器输出地址：Y0—8000～8FFFH，Y1—9000～9FFFH，Y2—A000～AFFFH，

Y3—B000～BFFFH，Y4—C000～CFFFH，Y5—D000～DFFFH，Y6—E000～EFFFH，Y7—F000～FFFFH。

51 单片机中断源口地址：外部中断 0—0003H，定时器 0—000BH，串行中断—0023H，外部中断 1—0013H，定时器 1—001BH，定时器 2 溢出—002BH。

8.3   DVCC–51 实验系统主要硬件逻辑电路

逻辑电平开关电路：开关 K1～K10 拨向上，输出高电平"1"；拨向下，输出底电平"0"，如图 8-2 所示。

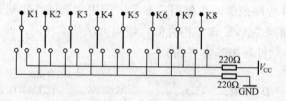

图 8-2   逻辑电平开关电路

发光二极管显示电路：发光二极管 L1～L12 共阳极连接。输入高电平"1"，二极管发光；输入低电平"0"，二极管关闭，如图 8-3 所示。

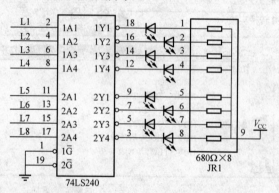

图 8-3   发光二极管显示电路

直流电机及驱动电路：系统设计中有一个 +5V 直流电机及相应驱动电路。小直流电机的转速是由加到其输入端 DJ 的脉冲电平及占空比来决定的，正向占空比越大，转速越快，反之越慢，如图 8-4 所示。

电子音响及驱动电路：电路的控制输入端插孔为"SIN"，控制输入信号经放大后接喇叭，如图 8-5 所示。

8155 并行 I/O 键盘显示器电路：实验箱中提供了 6 个七段数码管显示电路，共阳极连接。七段数码管显示电路由位驱动电路和段驱动电路两部分组成。8155 的 A 口控制字位，当位驱动插孔的某位输入低电平时，对应的数码管被选通，8155 的 B 口与段选线并联连接，如图 8-6 所示。

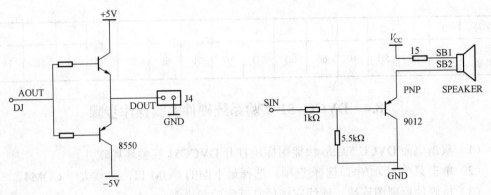

图 8-4 直流电机及驱动电路   图 8-5 电子音响及驱动电路

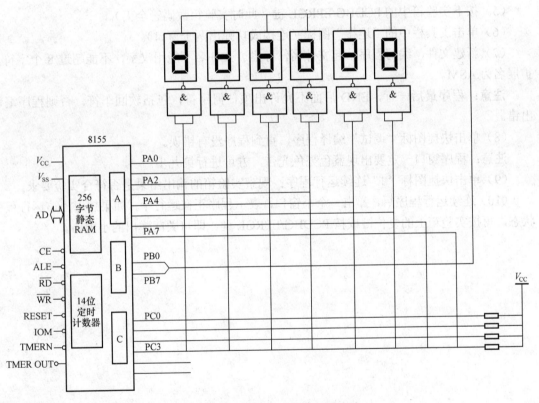

图 8-6 8155 并行 I/O 键盘显示电路

数码管显示缓冲区地址：6 个显示缓冲区地址从左到右分别为 79H、7AH、7BH、7CH、7DH、7EH。

段码表见表 8-1。

表 8-1   段 码 表

字符	0	1	2	3	4	5	6	7	8	9	A	B	C	D	E	F
段码共阳	C0	F9	A4	B0	99	92	82	F8	80	90	88	83	C6	A1	86	8E

续表

字符	0	1	2	3	4	5	6	7	8	9	A	B	C	D	E	F
段码 共阴	3F	06	5B	4F	66	6D	7D	07	7F	6F	77	7C	39	5E	79	71

8.4 DVCC–51 实验系统硬件实验操作步骤

（1）双击桌面 DVCC 52196 快捷图标，打开 DVCC51 实验环境软件。

（2）单击菜单/选项/串口选择/选项，选择最下面的 COM 口，必须大于 COM4。

（3）按硬件原理图连线，连线完毕后打开实验箱电源。

（4）按下实验箱中的复位键 P（此时实验箱数码管显示 P.）。

（5）按下实验箱中的 PCDBG/EPRGL 键（此时实验箱数码管全灭）。

（6）单击工具栏中的"连接"图标（连接成功弹出两个窗口）。

（7）新建文件，编写程序，起文件名，存盘。文件名不能用汉字，不能超过 8 个字符，扩展名为.ASM。

注意：程序最后一行，END 后面不允许出项任何字符，包括软回车符，否则程序编译出错。

（8）单击快捷图标"调试"编译程序，直到程序没有错误。

注意：程序窗口一定要出现蓝色亮色光带，方可进行第九步。

（9）单击快捷图标"!"连续运行程序；观察实验箱的输出结果是否符合实验要求。

（10）连续运行程序后，弹出一个小窗口，表示程序正在运行中，如果想退出该运行程序状态，可按实验箱上的复位键或按 PCDBG/EPRGL 键，即可关闭弹出的小窗口。

9 51 单片机硬件实验

9.1 简单 I/O 口扩展实验

【实验目的】

学习在单片机系统中扩展简单 I/O 口的基本编程方法。

【实验内容】

74LS244 单项驱动器做输入扩展口，74LS273 做同向扩展输出口，当拨动 K1～K8 中不同的开关时，对应发光二极管 L1～L8 被点亮，通过实验控制、观察 8 个发光二极管的亮灭情况，并掌握扩展简单 I/O 口的软件编程方法。

硬件连线原理如图 9-1 所示。

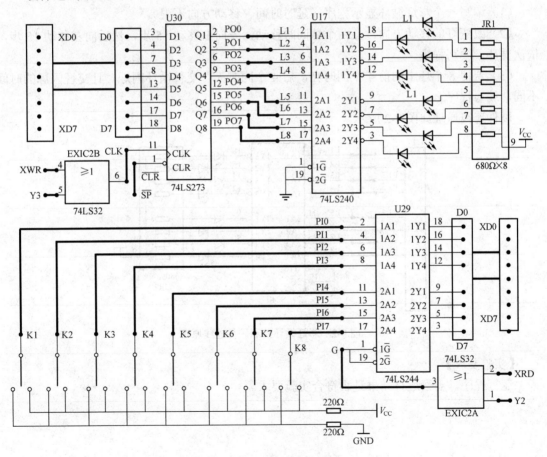

图 9-1 简单 I/O 硬件连线原理

说明：74LS244 输入口地址为 0A000H，74LS373 输出口地址为 0B000H。

【实验步骤】

（1）选择"选项/系统设置"选项，将"仿真模式选择"设置为"内程序，外数据"。

（2）按 8.4 硬件实验步骤操作（1）～（10）项，运行程序。

（3）随意拨动 K1～K8 开关，观察发光二极管 L1～L8 的亮灭情况。

9.2 P1 口流水灯控制实验

【实验目的】

（1）掌握 P1 口的输出编程方法。

（2）掌握软件延时的编程计算方法。

【实验内容】

实验中将 8 个 LED 与 P1 口相连，使其每个灯亮一段时间后关闭，形如流水，故称流水灯，即彩灯循环控制。它广泛地用于装饰霓虹灯。要求通过本实验掌握 P1 口的软件编程和软件延时计算方法。

（1）编写一个彩灯循环显示程序（延时时间、移动方向不限）。

（2）改变灯的移动方向，亮两个灯同时移动，先向右移动 15 步，然后向左移动 15 步，依次循环，编写程序。

（3）若使 8 个灯中的前 4 个同时亮，后 4 个同时灭，交替循环闪烁，且交替闪烁的时间不同，编写程序。

硬件连线原理如图 9-2 所示。

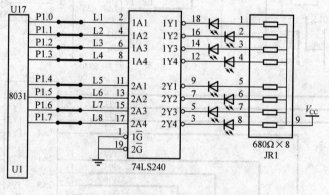

图 9-2 彩灯循环控制硬件连线原理

【实验要求】

运行程序，观察运行结果是否符合实验要求。

9.3　查询 P3 口状态、P1 口输出结果实验

【实验目的】

掌握 P3 口软件查询输入/输出的编程方法。

【实验内容】

查询 P3 口引脚输入状态，当按下开关 K1～K3 时，P3 口读入不同的状态值，P1 口按要求输出不同的结果，LED 点亮或鸣喇叭报警，要求如下：

（1）按下 K1 时，发光二极管 L1～L7 由左向右循环点亮。

（2）按下 K2 时，发光二极管 L1～L7 按二进制加 1 输出。

（3）按下 K3 时，一个发光二极管闪烁，同时鸣喇叭报警。

【实验连线】

（1）开关 K1～K3 依次连接 P3.2～P3.4。

（2）开关拨向上为 1，接通；开关拨向下为 0，断开。

（3）跳线 J5 连接喇叭 J5，P1.7 连接 SIN。

硬件连线原理如图 9-3 所示。

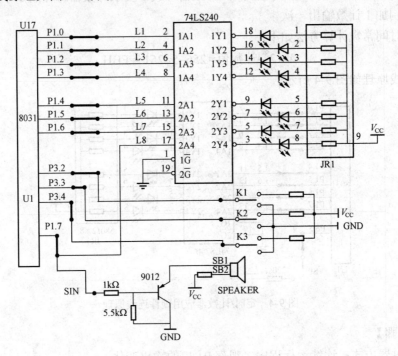

图 9-3　硬件连线原理

【实验要求】

运行程序后，分别按下开关 K1～K3，观察 P1 口的输出状态，是否符合实验要求。

9.4　定时/计数器应用实验

【实验目的】

（1）掌握单片机定时计数器的初始化编程方法。

（2）了解定时器、计数器的工作过程及其应用。

【实验内容】

（1）定时器方式：定时器1，工作方式0，允许中断，每定时10ms向CPU申请一次中断。当CPU累计中断100次时，定时器定时时间为1s时，外部输出状态发生改变。发光二极管交叉亮、灭输出显示。

方式0，十三位定时计数器时间常数计算方法如下：

$$X_0 = 2^{13} - 6 \times T/12 = 8192 - 6 \times 10000（ms）\div 12$$

$$= 0C78H（十六位时间常数）$$

转换为十三位时间常数为6318H，转换方法为0C78H = 0000 1100 0111 1000，去掉高3位，低5位前补3个0，组成新的十六位 6318H。

（2）计数器方式：定时器1，模式2，计数器方式。要求计数器每计满5个脉冲后P1口内容按二进制加1计数输出一次。

计数器时间常数计算方法如下：

$$X = 2^8 - 计数值 = 256 - 5 = 251 = FBH$$

硬件连线原理如图9-4所示。

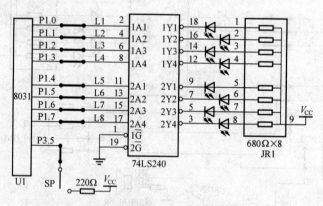

图9-4　定时/计数器应用硬件连线原理

【实验步骤】

（1）定时器方式：连续运行程序，观察P1口的输出变化。

（2）计数器方式：连续运行程序后，连续按SP触发器，当计满5个脉冲后，观察P1口的输出变化。

【实验要求】

运行程序，观察运行结果是否符合实验要求。

9.5　中断控制器应用实验

【实验目的】

（1）掌握单片机中断控制器的初始化编程方法。

（2）了解单片机中断控制器的工作原理及中断控制过程。

【实验内容】

设 CPU 允许中断，外部中断 0 方式，要求 CPU 每中断一次：

（1）P1 口亮一个彩灯，循环输出一次。

（2）P1.0、P1.1 交替显示变化 10 次（设初值 P1.0=0，P1.1=1）。

硬件连线原理如图 9-5 所示。

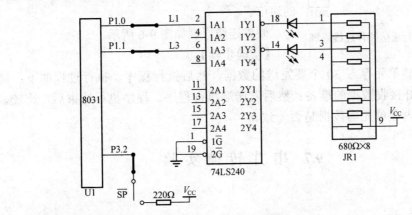

图 9-5　中断控制器应用硬件连线原理

【实验步骤】

连续运行程序后，每按动一次 SP 触发器，CPU 中断一次，观察 P1 口输出变化是否符合实验要求。

9.6　异步双机串行通信实验

【实验目的】

（1）掌握单片机串行口的工作方式及程序设计方法。

（2）了解实现串行通信的数据格式协议、数据交换协议。

（3）了解异步双机通信的基本要求。

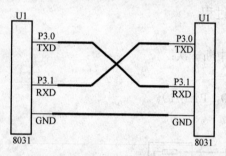

图 9-6　异步双机串行通信硬件连线原理

【实验内容】

两台单片机工作于异步串行通信方式，要求将发机（数据发送端）从 20H 单元存放的 30 个数据传送到收机（数据接收端）内存单元中。设发、收两机的频率为 6MHz，波特率为 1200bit/s，设串行口工作在方式 1、方式 2 两种情况下，分别用查询方式和中断方式完成数据的通信。

硬件连线原理如图 9-6 所示。

【实验步骤】

先将发机存储单元存入 30 个要发送的数据，然后执行程序。执行过程如下：接收端先执行程序，做好接收数据的准备；然后发送端执行程序。程序执行结束后，比较、检查接收端、发送端内存单元的数据是否一致。

9.7　串 并 转 换 实 验

【实验目的】

（1）掌握串行通信口的数据发送方法。

（2）了解移位寄存器的工作原理。

【实验内容】

从 8031 串行口发送数据 0～9，通过串行输入并行输出移位寄存器 74LS164 将 8031 串行口发送的 0～9 这 10 个数在数码管上循环输出。

【实验说明】

串行口工作在方式 0 时，可通过外接移位寄存器实现串并行转换。在这种方式下，数据为 8 位，只能从 RXD 端输入/输出，TXD 端输出移位同步时钟信号，其波特率固定为晶振频率的 1/12。由软件置位串行控制寄存器（SCON）的 REN 后才能启动串行接收，在 CPU 将数据写入 SBUF 寄存器后，立即启动发送。待 8 位数据输完后，硬件将 SCON 寄存器的 TI 位置 1，TI 必须由软件清零。发送数据采用定时器中断发送。

硬件连线原理如图 9-7 所示。

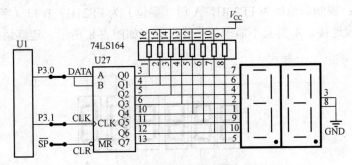

图 9-7　串并转换硬件连线原理

【实验步骤】

连续运行程序，观察扩展数码管上循环显示的 0～9 数字。

【参考程序】

略。

【实验要求】

运行程序，观察运行结果是否符合实验要求。

9.8　动态扫描显示实验

【实验目的】

（1）了解单片机动态扫描的工作原理。

（2）掌握显示子程序的设计及编程方法。

【实验内容】

将数据 1、2、3、4、5、6 稳态地在数码管上输出。本实验 LED 显示器采用动态扫描显示方式，选用 8155 做接口芯片，8155 芯片 B 口连数码管段线，A 口与位控连接，逐位轮流点亮各 LED 1～2ms，10～20ms 循环点亮一次，重复以上过程，数据 1、2、3、4、5、6 即可稳态地在数码管上输出。

说明：

6 个 LED 显示缓冲区地址从左到右地址低位→高位分别为 79H、7AH、7BH、7CH、7DH、7EH。

8155 口地址：控制口地址为 FF20H，A 口（字位）为 FF21H，B 口（字段）为 FF22H。

数码管共阳极连接。本实验不需硬件连线，原理如图 9-8 所示。连续运行程序后，观察数码管显示结果。

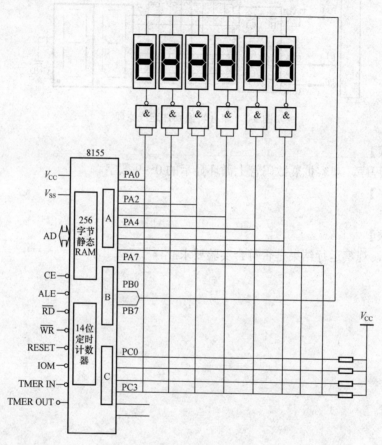

图 9-8　实验原理

【实验要求】

运行程序，观察运行结果是否符合实验要求。

9.9 直流电机调速控制实验

【实验目的】

（1）掌握直流电机的驱动原理。

（2）了解直流电机调速的方法。

【实验内容】

（1）由 0832 D/A 转换电路后的输出经放大后驱动直流电机。

（2）编写程序改变 0832 输出经放大后的方波信号的占空比来控制电机转速。本实验中 D/A 输出为双极性输出，因此电机可以正反向旋转。

硬件连线原理如图9-9所示。

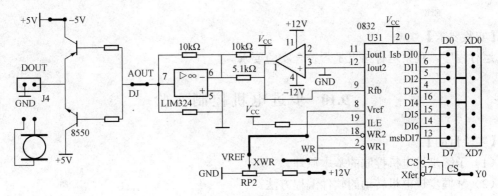

图 9-9　直流电机调速控制硬件连线原理

【实验连线】

（1）将 D/A 区 0832 的片选端连接译码输出 Y0。

（2）0832 的输出 AOUT 端连接 DJ 插孔。

（3）直流电机 DJ 插孔与直流电机驱动模块的 DJ 插孔相连。

（4）直流电机排线 J4 与直流电机驱动模块 J4 相连。

（5）直流电机排线 J3 与直流电机驱动模块 J3 相连。

（6）D/A 区 0832 的 WR 连接 BUS3 区 XWR。

（7）D/A 区 0832 的 VREF 连接 W2 的输出 VREF 插孔。

（8）W2 输入 VIN 连接+5V 插孔。

【实验步骤】

（1）选择"选项/系统设置"选项，将"仿真模式选择"设置为"内程序，外数据"。

（2）调试程序完成，没有错误后，连续执行程序，观察直流电机转速的变化情况。

【参考程序】

```
        ORG    0H
HS:     MOV    SP,#53H
        MOV    DPTR,#8000H
        MOV    A,#0FFH
HS1:    MOVX   @DPTR,A
```

```
         LCALL    DELAY
HS2:     DEC      A
         LCALL    DELAY
         MOVX     @DPTR,A
         CJNE     A,#00H,HS2
HS3:     INC      A
         MOVX     @DPTR,A
         LCALL    DELAY
         CJNE     A,#0FFH,HS3
         SJMP     HS
DELAY:   MOV      R7,#0FFH
DELAY1:  MOV      R6,#80H
DELAY2:  DJNZ     R6,$
         DJNZ     R7,DELAY1
         RET
         END
```

【实验要求】

运行程序，观察运行结果是否符合实验要求。

9.10　步进电机控制实验

【实验目的】

（1）了解步进电机控制的基本原理。

（2）掌握步进电机转动的软件编程方法。

【实验内容】

从键盘上输入正、反转命令，转速参数和转动步数显示在显示器上，CPU 读取显示器上显示的正、反转命令，然后执行转速级数（16 级）和转动步数。转动步数减为零时停止转动。

【实验说明】

步进电机的驱动原理是通过对其每相线圈中的电流和顺序切换来使电机做步进式旋转。驱动电路由脉冲信号控制，所以调节脉冲信号的频率便可改变步进电机的转速，用微型计算机控制步进电机较适合。

【实验连线】

步进电机插头插到实验系统 J3 插座中，P1.0～P1.3 连接 BA～BD 插孔。

硬件连线原理如图 9-10 所示。

【实验步骤】

（1）连续执行程序。

（2）由键盘输入数字，并在显示器上显示，第一位为 0 表示正转，第一位为 1 表示反转，第二位 0～F 为转速等级，第三位到第六位设定步数，设定完按 EXEC 键，步进电机开始旋转。

【参考程序】

略。

【实验要求】

运行程序，观察运行结果是否符合实验要求。

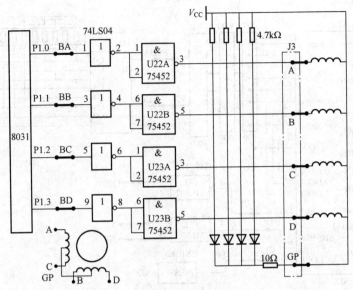

图 9-10　步进电机控制硬件连线

9.11　综合设计实验（一）——0809 数据采集，164 串并转换输出

【实验目的】

（1）在硬件设计方面，初步了解如何将多种功能的芯片组合设计，完成具有多重复杂功能的应用性实验。

（2）软件方面，初步掌握完成综合功能的程序设计及编程方法。

【实验内容】

通过 0809 A/D 转换器的 0 通道进行数据采集，将采集到的模拟量进行模-数转换，并将转换后的数字量通过串并转换芯片 74LS164，将采集到的模拟量以数字形式在数码管上对应输出。

【硬件连线】

将 W2 的 VIN 连+5V 插孔，将 0809 的 VREF 端与 W2 的 VREF 端相连。调节 W2，使 VREF 端为+5V。

硬件连线原理如图 9-11 所示。

【实验步骤】

（1）选择"选项/系统设置"选项，将"仿真模式选择"设置成"内程序，外数据"。

（2）连续运行程序，旋转电位器 W1 输入电压值，观察数码管上显示的数据是否随读入的模拟电压值变化（存在一定误差）。

【参考程序】

```
        ORG 0H
START:  MOV    A,#00H                ;启动 A/D 转换
        MOV    DPTR,#9000H
```

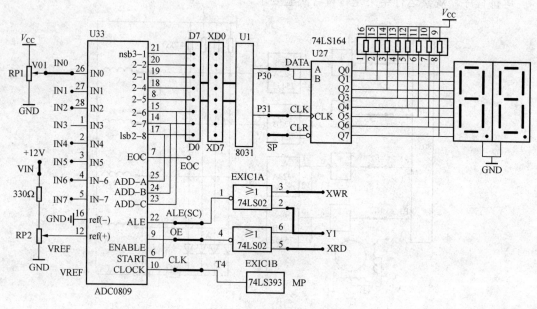

图 9-11　实验原理

```
        MOVX    @DPTR,A
        MOV     SBUF,A
        MOV     R7,#0FFH
        DJNZ    R7,$
        MOVX    A,@DPTR
DISP:   MOV     R0,A              ;保存转换结果
        ANL     A,#0FH
LP:     MOV     DPTR,#TAB
        MOVC    A,@A+DPTR
        MOV     SBUF,A
        MOV     R7,#0FH
        DJNZ    R7,$
        MOV     A,R0
        SWAP    A
        ANL     A,#0FH
        MOVC    A,@A+DPTR
        MOV     SBUF,A
        MOV     R7,#0FH
HS1:    DJNZ    R7,$
        LCALL   DELAY
        AJMP    START
DELAY:  MOV     R6,#0FFH
DELY2:  MOV     R7,#0FFH
        DJNZ    R7,$
        DJNZ    R6,DELY2
        RET
TAB:    DB 0FCH,60H,0DAH,0F2H,66H,0B6H,0BEH,0E0H
```

```
        DB 0FEH,0F6H,0EEH,3EH,9CH,7AH,9EH,8EH
        END
```

9.12 综合设计实验（二）
——外部与定时器两级中断控制实验（中断嵌套型）

【实验目的】
（1）了解中断嵌套的工作原理。
（2）掌握中断嵌套软件编程的设计方法。

【实验内容】
　　彩灯输出控制由单片机中断控制器完成。当 CPU 外部中断 0 接收到中断请求信号后，执行中断服务程序，彩灯从最低位移至最高位，共 3 次循环输出。要求：彩灯循环移位间隔时间为 1s，由定时器中断完成延时控制。

　　设：外部中断 0，允许中断；定时器 1 模式 0，允许中断，每 10ms 中断一次，软计数 100次，达到彩灯循环移位，定时间隔时间 1s 的移位要求。

　　硬件连线原理如图 9-12 所示。

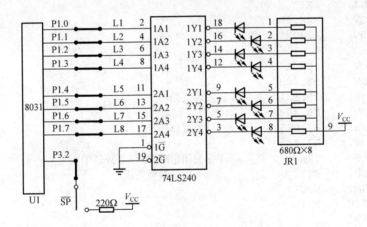

图 9-12 硬件连线原理

【实验步骤】
连续运行程序后，按动 SP 触发器。观察发光二极管的输出状态。

【参考程序】
```
        ORG     0H
        AJMP    MAIN
        ORG     0003H
        AJMP    ISHUQI
        ORG     001BH
        AJMP    AINT1
MAIN:   MOV     SP,#60H
        MOV     P1,#00H
        SETB    IT0             ;边沿触发
        SETB    EX0             ;允许外部中断
```

```
        MOV     TMOD,#00H          ;定时器1
        MOV     TH1,#63H           ;10ms 定时
        MOV     TL1,#18H
        SETB    PT1                ;设为高优先级
        SETB    ET1
        SETB    EA
        SJMP    $                  ;等待外部中断
ISHUQI:                            ;外部中断
        MOV     30h,#00            ;定时 1s 初值
        MOV     R7,#03H            ;外循环次数
        MOV     R6,#08H            ;内循环次数
        MOV     20h,#01H           ;P1 口初值
        MOV     P1,20h
        SETB    PT1                ;设为高优先级
        SETB    TR1                ;启动定时器
        RETI
Aint1:                             ;定时器中断
        MOV     TH1,#63H           ;10ms 定时
        MOV     TL1,#18H
        INC     30H
        MOV     A,30h              ;等待定时 1s
        XRL     A,#100             ;定时 10ms,是否为 100 次,即 1s
        JNZ     EXIT
        MOV     30H,#00
        MOV     A,20H
        RL      A
        MOV     20H,A
        MOV     P1,20H
        DJNZ    R6,EXIT            ;内层循环
        MOV     R6,#08H
        DJNZ    R7,EXIT            ;外层循环
        MOV     R7,#03H
        CLR     TR1                ;关闭定时器,保证外部中断正常进入
        CLR     PT1                ;关闭中断优先级
        SJMP    EQUT
EXIT:   SETB    TR1
EQUT:   RETI
        END
```

【实验要求】

运行程序,观察运行结果是否符合实验要求。

9.13 LED 16×16 点阵显示实验

【实验目的】

(1) 掌握单片机与 LED 点阵显示器之间的接口设计方法与编程。

(2) 利用 LED 点阵显示器显示汉字或图形。

【实验内容】

编制程序,建立字库,在 LED 点阵显示器上显示图形、文字。

【实验步骤】

（1）选择"选项/系统设置"选项，将"仿真模式选择"设置为"内程序，外数据"。

（2）连续运行程序，在 LED 点阵显示器上显示"计算机"。

【参考程序】

略。

硬件连线原理如图 9-13 所示。

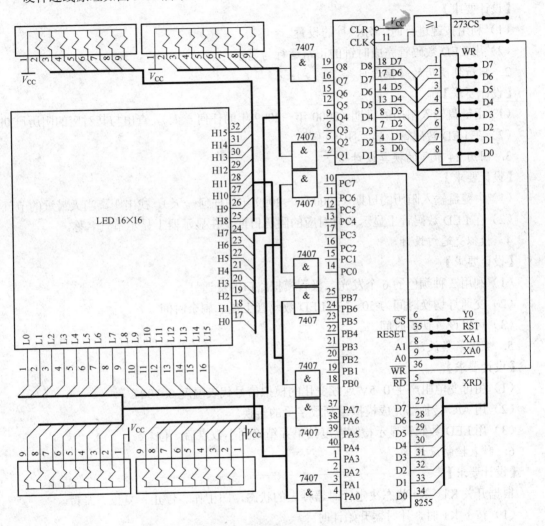

图 9-13　LED 点阵显示硬件连线原理

【实验连线】

8255CS 连接 Y0，273CS 连接 Y2，WR 连接 XWR，RD 连接 XRD，A0 连接 XA0，A1 连接 XA1，RESET 连接 RST，D0～D7 连接 XD0～XD7。

【实验要求】

运行程序，观察运行结果是否符合实验要求。

附录 A 单片机课程设计题目

1. 电子时钟设计

【设计要求】

(1) 利用按键进行时、分、秒的设置。

(2) 用 LED 数码管完成时钟的正常运行与显示。

2. 阳历到阴历的转换设计

【设计要求】

(1) 由键盘输入阳历的日期（2000 年～2099 年的任何一天），查出与其对应的阴历日期。

(2) 在 LED 数码管上显示阴历日期。

3. 阴历 24 节气的换算设计

【设计要求】

(1) 由键盘输入阳历的日期（2000 年～2099 年的任何一天），找出距离当天最近的节气。

(2) 在 LED 数码管上显示节气对应的阴历日期，在显示器上显示节气名称。

4. 模拟交通灯设计

【设计要求】

(1) 利用 3 种颜色的 6 个发光二极管模拟路口的交通灯。

(2) 交通灯切换时间为 50s，在 LED 数码管上显示剩余时间。

(3) 可以设置切换时间。

5. 数据采集设计

【设计要求】

(1) 由可变电阻产生 0~5V 连续变化的模拟信号代表温度 0~100℃。

(2) 用 A/C 转换器完成模拟量到数字量的转换。

(3) 用 LED 数码管显示检测温度结果并精确到小数点后一位。

6. 秒表控制设计

【设计要求】

根据开关 K1～K4 状态决定计时器秒表的状态，即工作、停止、复位、维持。

(1) 按下 K1 时，计时器开始计时

(2) 按下 K2 时，计时器停止计时。

(3) 按下 K3 时，计时器复位。

(4) 按下 K4 时，计时器维持当前状态。

7. 家用电风扇控制器设计

【设计要求】

(1) 风速键：强、中、弱三挡，分别用 3 个指示灯指示。初始状态为弱，之后每按一次，则按中—强—弱—中循环。

(2) 类型键：分正常、睡眠、自然 3 类，用一个指示灯指示，初始状态为正常。正常为连续亮，睡眠为亮 8s 停 8s，自然为亮 4s 停 4s。

（3）启动/停止键：按下此键则所有指示灯均灭，再按一次此键则恢复初始状态运行。

8．智力测验抢答器设计

【设计要求】

（1）所设计的抢答器允许 2 人参加。没有出题时（初始状态），每个参赛队员的两个 LED 数码管都显示当前的积分值，初始积分值为"10"。

（2）在出题后，主持人按下"开始"按钮（用一个开关控制），此时每个参赛者前面的红色发光二极管点亮，LED 数码管显示 60s 倒计时。

（3）计时开始后，若 2 人中有人按下"抢答"按钮（每人一个抢答开关），则秒计时停止，此时 LED 数码管显示当前的积分值，先按下"抢答"按钮的红灯保持亮的状态，另外一人的红灯熄灭。

（4）抢答对错由主持人判定，按下"答对"按钮时加 10 分，按下"答错"按钮时减 10 分，直到积分值减为 0 为止。不论该队员获得的是加分还是减分，其 LED 数码管均显示当前的新积分值，另一选手的 LED 数码管则保持不变，并回到未出题时的状态，重新开始。

（5）从主持人按下开始按钮后，计时达到 60s 之后无人按下"抢答"按钮，本次抢答结束，进入未出题状态。之后再有人按下"抢答"按钮时不起作用。

（6）在主持人未按下"开始"按钮时，若 2 人中有人按下"抢答"按钮，则先按下按钮的积分值减 10 分作为惩罚。

9．反应速度测试仪设计

【设计要求】

（1）反应速度测试的过程：在启动反应速度测试程序后，经过一段随机时间的延迟，处理器控制发光二极管发出光信号，被测者此时立即按下按钮。从发出光信号到按下按钮的时间即为反应时间，精确到 0.01s。被测者在从发出光信号之前按下按钮做违例处理。

（2）在发出光信号之后，显示器即显示时间，当按下按钮后显示选手的反应时间。

附录 B   相关内容说明表

附表 B-1   **ASCII 字符与编码对照表**

低 4 位	高位	0000	0001	0010	0011	0100	0101	0110	0111
		0	1	2	3	4	5	6	7
0000	0	NUL	DEL	SP	0	@	P	、	p
0001	1	SOH	DC1	!	1	A	Q	a	q
0010	2	STX	DC2	"	2	B	R	b	r
0011	3	ETX	DC3	#	3	C	S	c	s
0100	4	EQT	DC4	$	4	D	T	d	t
0101	5	ENQ	NAK	%	5	E	U	e	u
0110	6	ACK	SYN	&	6	F	V	f	v
0111	7	BEL	ETB	'	7	G	W	g	w
1000	8	BS	CAN	(	8	H	X	h	x
1001	9	HT	EM	)	9	I	Y	i	y
1010	A	LF	SUB	*	:	J	Z	j	z
1011	B	VT	ESC	+	;	K	[	k	{
1100	C	FF	FS	,	<	L	\	l	|
1101	D	CR	GS	-	=	M	]	m	}
1110	E	SO	RS	.	>	N	↑	n	~
1111	F	SI	US	/	?	O	←	o	EDL

附表 B-2   **51 单片机复位、中断入口地址**

操　　作	入口地址
复位	0000H
外部中断 0 /INT0（低电平有效）	0003H
定时/计数器 0 溢出	000BH
外部中断 1 /INT1（低电平有效）	0013H
定时/计数器 1 溢出	001BH
串行口中断	0023H
定时/计数器 2 溢出	002BH

附表 B-3   **51 单片机 P3 口第 2 功能表**

引　脚	第　2　功　能	
P3.0	RXD	串行口输入端
P3.1	TXD	串行口输出端

续表

引　脚	第　2　功　能		
P3.2		$\overline{INT0}$	外部中断 0 请求输入端，低电平有效
P3.3		$\overline{INT1}$	外部中断 1 请求输入端，低电平有效
P3.4		T0	定时器/计数器 0 计数脉冲输入端
P3.5		T1	定时器/计数器 1 计数脉冲输入端
P3.6		$\overline{WR}$	外部数据存储器写信号输出端，低电平有效
P3.7		$\overline{RD}$	外部数据存储器读信号输出端，低电平有效

附表 B-4　　　　　　　　　51 单片机内部 RAM 位地址表

RAM 地址	D7	D6	D5	D4	D3	D2	D1	D0
20H	07	06	05	04	03	02	01	00
21H	0F	0E	0D	0C	0B	0A	09	08
22H	17	16	15	14	13	12	11	10
23H	1F	1E	1D	1C	1B	1A	19	18
24H	27	26	25	24	23	22	21	20
25H	2F	2E	2D	2C	2B	2A	29	28
26H	37	36	35	34	33	32	31	30
27H	3F	3E	3D	3C	3B	3A	39	38
28H	47	46	45	44	43	42	41	40
29H	4F	4E	4D	4C	4B	4A	49	48
2AH	57	56	55	54	53	52	51	50
2BH	5F	5E	5D	5C	5B	5A	59	58
2CH	67	66	65	64	63	62	61	60
2DH	6F	6E	6D	6C	6B	6A	69	68
2EH	77	76	75	74	73	72	71	70
2FH	7F	7E	7D	7C	7B	7A	79	78

附表 B-5　　　　　　　　　F10K10 引脚说明

J1 引脚序号	信号名称	兼容信号名	对应器件引脚号和引脚名	
			F10K10	
			引脚号	引脚名
1	VCC			
2	VCC			
3	运行模式开关	CLK1（+SP）	1	GCLK1
4	扩展 J1~J4		44	IN3
5	点阵 0 列			
6	点阵 1 列			

J1 引脚序号	信号名称	兼容信号名	对应器件引脚号和引脚名	
			F10K10	
			引脚号	引脚名
7	点阵 2 列			
8	点阵 3 列			
9	点阵 4 列			
10	点阵 5 列			
11	点阵 6 列			
12	点阵 7 列			
13	点阵 8 列			
14	点阵 9 列			
15	点阵 10 列			
16	点阵 11 列			
17	点阵 12 列			
18	点阵 13 列			
19	点阵 14 列			
20	点阵 15 列			
21	扩展 J1~J21		42	IN2
22	CLK0		2	IN1
23	扩展 J1~J23	L0	16	I/O7
24	扩展 J1~J24	L1	17	I/O8
25	扩展 J1~J25	L2	18	I/O9
26	扩展 J1~J26	L3	19	I/O10
27	扩展 J1~J27	L4	21	I/O11
28	扩展 J1~J28	L5	22	I/O12
29	扩展 J1~J29	L6	23	I/O13
30	扩展 J1~J30	L7	24	I/O14
31	VGA1	L8	25	I/O15
32	VGA2	L9	27	I/O16
33	VGA3	L10	28	I/O17
34	VGA4	L11	29	I/O18

说明：J1 引脚序号 23~30 为数码管引脚，依次高位→低位；
　　　J1 引脚序号 23~34 为发光二极管引脚；
　　　J1 引脚序号 31、32、33 为 74LS138 译码器选择线

J1 引脚序号	信号名称	兼容信号名	引脚号	引脚名
35	VGA6		30	I/O19
36	扩展 J1~J36		84	IN4
37	扩展 J1~J37		11	I/O6

J1 引脚序号	信号名称	兼容信号名	对应器件引脚号和引脚名 F10K10	
			引脚号	引脚名
38	扩展 J1～J38		10	I/O5
39	扩展 J1～J39		9	I/O4
40	CLK		43	GCLK2

说明：J1 引脚序号 36～39 可做时钟输入端，连时钟

1				
2	液晶 C/D	FMIN（PS/1）	81	I/O49
3	液晶 $\overline{WR}$		80	I/O48
4	2764 OE		79	I/O47
5	0809 ADD-A	K0	78	I/O46
6	0809 ADD-B	K1	73	I/O45
7	0809 ADD-C	K2	72	I/O44
8	2764 A0	K3	71	I/O43
9	2764 A1	K4	70	I/O42
10	2764 A2	K5	67	I/O41
11	2764 A3	K6	66	I/O40
12	2764 A4	K7	65	I/O39
13	2764 A5	K8	64	I/O38
14	2764 A6	K9	62	I/O37
15	2764 A7	K10	61	I/O36
16	2764 A8	K11	60	I/O35

说明：J1 引脚序号 5～16 为开关引脚

17	2764 A9		59	I/O34
18	KL0		58	I/O33
19	KL1		54	I/O32
20	KL2		53	I/O31
21	扩展 J2～J21		52	I/O30
22	扩展 J2～J22		51	I/O29
23	扩展 J2～J23		50	I/O28
24	扩展 J2～J24		49	I/O27
25	扩展 J2～J25		48	I/O26
26	扩展 J2～J26		47	I/O25
27	扩展 J2～J27		39	I/O24
28	扩展 J2～J28		38	I/O23

说明：J1 引脚序号 21～28 为数码管引脚，依次从高位到低位。

J1 引脚序号	信号名称	兼容信号名	对应器件引脚号和引脚名	
			F10K10	
			引脚号	引脚名
29	0809 STA	（PS/5）	37	I/O22
30	0809 EOC	（JUMP）	36	I/O21
31	0809 Enable	（$\overline{WR}$）	35	I/O20
32	扩展 J2～J32		5	I/O0
33	扩展 J2～J33		6	I/O1
34	扩展 J2～J34		7	I/O2
35	扩展 J2～J35		8	I/O3
36	3.6V			
37	$\overline{RST}$			
38	RST			
39	2.5/1.8V			
40	GND			

附录 C 部分常用芯片

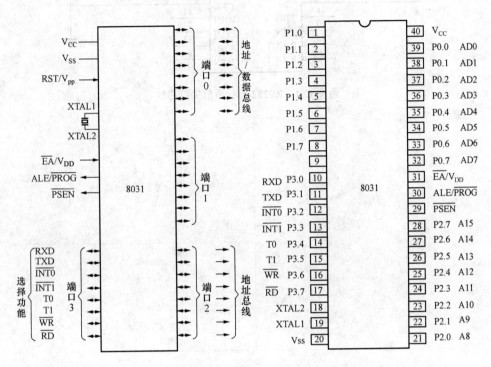

附图 C-1 8031 八位单片机

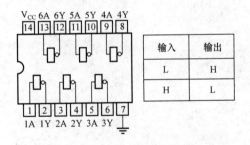

附图 C-2 74LS04 六反向器

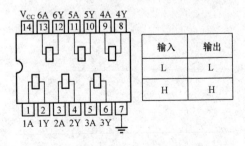

附图 C-3 74LS07 六缓冲/驱动器

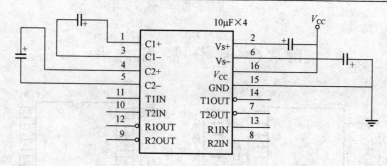

附图 C-4　RS232 串行通信接口芯片